朝日新書
Asahi Shinsho 977

# 遺伝子はなぜ不公平なのか？

稲垣栄洋



朝日新聞出版

公園の鉄棒で子どもがさかあがりの練習をしていた。
何度も何度も挑戦するが、とてもできるようには見えない。
私は思った。
どんなに努力したってムダさ。
君は、そうは思わないのかい？

遺伝子はなぜ不公平なのか？

目次

## 第2章　私たちはなぜ人と比べたがるのか？

## 第7章　欠点には意味がある

図版　伊藤理穂（朝日新聞メディアプロダクション）

# プロローグ――すべては遺伝子のせいだ

## 世の中は何と不公平

小学生の頃、鉄棒のさかあがりができなかった。

放課後練習をしていると、一年生か二年生だろうか、まだ体の小さな下級生の女の子が、その子には少し高く思えるような鉄棒のところにやってきた。そうして、くるっとさかあがりして鉄棒に上がったかと思ったら、驚くことにくるくると空中さかあがりで回り始めた。私は愕然《がくぜん》とした。

私が一生懸命に練習をしている横で、その子はやめることなくくるくると回っている。

もちろん、練習をしているわけではない。遊んでいるのだ。

その子の顔はとても楽しそうだった。

私はバカらしくなった。

その子は、私のように一生懸命に練習をしたとは思えない。しかし、練習しなくても、さかあがりが簡単にできる人がいる。しかも、その子は、さかあがりを楽しんでいるのだ。

頑張ってもできないことがある。努力をしても越えられない壁がある。

これはすべて遺伝子のせいだ。

私たちの姿かたちや能力は、生まれたときからすべて遺伝子で定められている。

運動ができるのもできないのも、結局は遺伝子の違いによるものだ。

世の中は何と不公平なのだろう。

そして、神さまはどうしてこんなに不公平な世界を作ったのだろう。

*

運動ができるかどうかは遺伝ではない。努力や練習量だという考え方も世の中にはある。

「さかあがりができないのは、練習量が足りなかっただけではないか」と言われれば、確かにそうかもしれない。

もっともっと血のにじむような努力をすれば、私は彼女のようにくるくると鉄棒を回ることができたかもしれない。

しかし、どうだろう。

血のにじむような努力をしなくても、さかあがりができる人はいる。

誰にも教わっていないのに、初めてやったさかあがりが成功する人もいる。

どうして、その差を努力で埋めなければならないのだ。

やっぱり、神さまは不公平だ。

*

「自分の努力不足を遺伝子のせいにするのは良くない」という意見もあるだろう。

もしかすると、鉄棒が苦手というのは、思い込みで、本当は鉄棒が得意な遺伝子を持っていたかもしれないのだ。

しかし、私は間違いなく鉄棒が苦手である。そもそも、鉄棒をするのは好きではない。

鉄棒を楽しいと思ったことは、一度もないのだ。

もし、鉄棒が得意という遺伝子を持っていたとしても、鉄棒が嫌いだったら、何にもならないではないか。

確かに、苦手だから嫌いになったのか、嫌いだから苦手なのかは、わからない。

しかし、私についていえば、そもそも私は物心がついた頃から、体を動かすことが好きではなかった。苦手である前から、嫌いだったのだ。

つまりは「運動が嫌い」という遺伝子を持っていたのだ。

幼稚園でも、活動的な友だちはいつも外で遊んでいたが、私はどちらかと言うと本棚に並んでいる絵本を読むのが好きだった。

「本を読みなさい」と誰かに言われたわけではないし、誰に強制されたわけでもない。

好きなことは好きなのだ。

きっと、私は本が好きな遺伝子を持っていたのだ。

そして、おそらくは体を動かすのが好きな遺伝子は持ち合わせていなかったのだろう。

## 努力をすればいつか報われる?

何でもかんでも遺伝子のせいにするのは良くない、と言われればそのとおりかもしれない。

たとえ私が、鉄棒が苦手で、鉄棒が嫌いな遺伝子を持っていたとしても、努力によってそれを克服することができる。

血のにじむような努力を重ねれば、さかあがりはできるようになるだろうし、隣の女の子がびっくりするような鉄棒技ができるようになるかもしれない。

しかし、どうだろう。やはり努力には限界がある。

確かに努力によって、さかあがりはできるようになるだろう。

しかし、努力に努力を重ねたとして、私がオリンピックの体操選手になることはできるだろうか。

努力を重ねれば、できないことは、できるようになる。

しかし、世の中には競争相手がいる。

鉄棒が得意で、鉄棒が好きな人たちに努力だけで勝つことができるだろうか。

オリンピックなんて、天才と呼ばれる才能あふれる人たちが、血のにじむような努力をして出場するものである。

鉄棒が苦手な私が努力だけで何とかなる世界ではない。

しかも、そんな天才たちが金メダルを目指して努力をしても、みんなが金メダルを取れるわけではない。

天才と呼ばれる人たちが血のにじむような努力をして、それでも、手に入れられないものがある。

それが、世の中というものだ。

少しばかりの努力をして何になる。

努力には限界がある。

私が鉄棒をできないのは、やっぱり遺伝子のせいなのだ。

＊

もし、私に抜群の運動神経があったとしたら、私はプロ野球の選手になっていたことだろう。

もし、私に抜群の音楽センスがあったとしたら、私は世界的な音楽家になっていたかもしれない。

しかし、私はプロ野球選手にもなれなかったし、世界的な音楽家にもなれなかった。

すべては、それだけの遺伝子を持ち合わせていなかったせいなのだ。

もちろん、本当は、抜群の運動神経も卓越した音楽センスも持ち合わせていたかもしれない。そんな遺伝子を持ちながら、ゴロゴロしてばかりの、自堕落な生活をしていたから、才能が開花しなかったのかもしれない。

しかし、世の中には努力をすることが好きだと言う人たちもいる。

努力を続けられることも、また「才能」である。

生まれながらの才能ということは、つまり、遺伝子の働きだ。

私は運動神経も良くないし、音楽的な素養もない。

おまけに努力することも嫌いだ。

それも、これも、すべては私が持っている遺伝子のせいなのだ。

もちろん、それを証明することはできない。

もしかしたら、親から譲り受けた遺伝子は、すばらしい才能を持っていて、私がそれを生かせていないだけかもしれないが、とりあえずそんなことは考えずに、今のところは遺伝子のせいにしてしまおう。

なぜなら、そう考えた方が、楽だからだ。

**すべては遺伝子のせいだ**

もう、すべては遺伝子のせいだ。

遺伝子は私の体の設計図である。そしてこの設計図に従って、私という存在が作られている。

私の瞳の色が黒いのも、私の髪の毛が黒いのも、すべて遺伝子で決められている。このように体のパーツ一つ一つの特徴が遺伝子に記されているのだ。

身長の高さは、環境が影響する面もあるが、背が高くなりやすいか、背が低くなりやすいかは遺伝子で決められている。つまり、遺伝子の違いによる環境へ対する反応の違いが、身長を決めていくのだ。

太りやすさもそうだ。太りやすい体質や太りにくい体質も遺伝子によって定められている。

俗に運動神経と呼ばれるものも、遺伝子が関係している。

たとえば、思い通りに体を動かすためには、脳から筋肉に情報を伝え、その指示に従って筋肉を動かすという情報の伝達が必要となる。また、視覚や体の平衡感覚を脳に伝えるという作業も必要になる。これらの情報のやりとりは、神経伝達物質によって行なわれる。この神経伝達物質を受け取るたんぱく質には、個人差がある。つまりは、遺伝子によって定められた能力だ。

性格だってそうだ。

ネアカだったり、ネクラだったりするのも、ホルモンの分泌や神経伝達物質が関係している。つまりは、遺伝子によって決められているのだ。

もう、それもこれも、すべては遺伝子のせいなのだ。

私の顔がハンサムではないのも、身長が低いのも、ぽっちゃりなのも、それもこれも遺伝子のせいだ。

服装や髪型がダサいのも、すべては遺伝子のせいだ。

服装や髪型は関係ないと思うかもしれないが、センスは生まれもってきたものだから、努力ではどうしようもないセンスなんて、先天的な才能の最たるものだ。

それに服装に興味がないとか、ファッションにお金を掛けられないというのも、やはり遺伝的な性質だろう。

そうなのだ。

すべては遺伝子のせいなのだ！

運動ができないのも遺伝子のせいだし、私の性格がこんなにひねくれているのも、遺伝子のせいだ。

もう何もかも、遺伝子のせいなのだ。

## 努力で遺伝子に逆らった結果

とにかく、私は自分の遺伝子が嫌いである。

私のこの遺伝子はどこから、もたらされたのだろう。

私の遺伝子は親からもたらされた。

そうだ、私が悪いのではない。親が悪いのだ。

もっとも、親のせいだけにするのも気の毒な話だろう。

何しろ親の遺伝子は、その親からもたらされた。つまりは私の祖父母から引き継いできたものなのだ。もちろん、その祖父母もその遺伝子は、そのまた親から引き継いだ。

つまり、私がこんな遺伝子を持ち合わせているのは、私の祖先のせいなのだ。

この欠点だらけの遺伝子は、祖先から祖先、そして子孫へと受け継がれてきた。

何という因果だろう。私の家系はきっと呪われた種族なのだ。

＊

遺伝子は親から引き継がれる。

親子が似るのはそのためだ。

しかし、親子だからと言って必ずしも似るとは限らないことも面白いところだ。


私の話をさせてほしい。

さかあがりができなかったことからもわかるように、私は運動神経が良い方ではない。

ところが、驚くべきことに、こんな運動オンチの私の父親はスポーツ万能である。

高校生のときは、野球部や陸上部、卓球部など、あらゆる運動部の助っ人に借り出されるほどのスポーツマンだったらしい。これは本人ではなく、当時、私の父を教えた体育の先生から聞いた話だから、多少の誇張があるにしてもウソではないだろう。

私の父は、就職した後も、会社の陸上部に所属していて、仕事が終わってから一日一〇キロも走っていたらしい。その後も、地元の草野球チームに所属していたり、ゴルフが大好きで、仕事から帰るといつも外でゴルフの素振りの練習をしていた。

とにかく、体を動かすのが大好きな父親だったのだ。

ちなみに、どうして父親の体育の先生から聞いた話を知っているかと言うと、じつは、その体育の先生こそが、私の母方の祖父なのだ。私の祖父は、体育大学の出身で高校の体育教員をしていた。本人は柔道家である。柔道の段位には実力に加えて、柔道界への貢献等も関係するのだろう。私が子どものとき聞いた話では、そのときの祖父の段位はオリンピックの代表選手よりも高かった。

この話だけ聞けば、私の家がスポーツ一家だったように思えてしまう。

しかし、当の私はといえば、さかあがりができないくらい、体育が苦手だった。努力が足りなかったわけではない。物心がついた幼稚園のときから、私は友だちよりも足が遅かったし、鉄棒も跳び箱も、うんていもできなかった。

小学校ではマラソン大会の練習を頑張ってみても、練習をしないで遊んでいる人よりも遅かった。

＊

私の父を知る人は、その子どもである私もまたスポーツができるに違いないと思ったことだろう。

もしかしたら、私には隠れた才能があって、血のにじむような努力をすれば、その才能は開花したのかもしれない。

しかし、どうだろう。

何より、私は体を動かすことが面白いと思えなかった。面白いと思えないことを努力し続けることもできなかった。

体を動かすことを面白いと思えることも才能だ。努力をし続けられることも才能だ。

私は体を動かすことが面白いと思えなかったし、それよりも、私は飽きっぽかったし、苦しい努力を続けることはあまり好きではなかった。

それは私が飽きっぽい人間だったからではない。

飽きっぽい遺伝子だったのだ。

悪いのは私ではない。すべては遺伝子のせいなのだ。


私は運動が苦手である。

さかあがりもできないが、足も遅い。

運動会でもいつもビリを争っていた。

しかし、努力に努力を重ねて、一度だけ運動会で一位になったことがある。

すると、親戚の人に、こう言われた。

「さすが、お父さんの子だね」


遺伝子に逆らって頑張ったつもりなのに、結局、手柄は遺伝子に取られてしまうのだ。

あぁ、遺伝子に逆らうなんて、本当にバカバカしい！

## 「ビリがなければ一位はない」

父親がスポーツマンなのだから、その子である私も、本当は運動神経が良いのではないか、そう思われるかもしれない。

しかし、親子だからと言って必ずしも同じとは限らない。

たとえば、私はお酒がほとんど飲めない。いわゆる下戸である。

一方、私の父親は大のお酒好きだ。毎日の晩酌は欠かしたことがない。

お酒が飲めるか飲めないかは、遺伝子によって生まれたときから決まっている。

アルコールは肝臓で分解されて、アセトアルデヒドという物質になる。このアセトアルデヒドは体に有害なので、無害な物質にまで分解しなければならない。このアセトアルデヒドを分解できる能力が、遺伝子によって決まっているのである。

若い頃は飲めば飲むほど強くなると言われて、飲めないのに頑張って飲んでいたりしたが、そんな訓練で元の体質が変わるわけではない。もともと遺伝子で定められていたのだ。

父親が大のお酒好きで、私が飲めないということは、もしかしたら、本当の親子ではないのではないか、と私の出生の秘密を疑う人もいるかもしれないが、残念ながら私の顔は父親とよく似ている。怒りっぽい性格も似ている。

これは私だけではなく、父親の方もお互いが思っていることだと思うが、どういうわけか、似てほしくないところが、似てしまう。それが親子である。

また、私は三人兄弟の長男だが、私と三男はお酒が飲めない。次男は父親と同じくお酒好きである。

ちなみに母親はお酒が飲めない。私はその遺伝子を受け継いでいるのである。

＊

親子だからと言って、似るとは限らない。

とはいえ……どうしてスポーツ万能な父親から、私のような運動オンチが誕生してしまったのだろうか。

ただし、私が運動のできない理由は、簡単に推察できる。

じつは、私の母親が、運動オンチなのだ。先述したように私の母方の祖父は体育教員のスポーツマンである。しかし、その子である私の母親は小さい頃から運動ができなかったのだ。

母から聞く運動会のエピソードは、いつもビリ。

そんな私の母親の座右の銘は「ビリがなければ一位はない」だった。

一位の人がうれしそうにはしゃげるのは、敗者であるビリになる人がいるおかげだ。そううそぶいていたのである。

私が運動ができないのは、そんな母親の遺伝子を引き継いでしまったせいなのだ。

母親が運動が嫌いだから、その「嫌い」という感情の影響を受けているという面はあるかもしれない。しかし、たとえば野球やサッカーなどのプロスポーツ選手でも、母親は運動が好きなわけではないのに、本人はスポーツが得意だというエピソードを聞くことがある。

そう考えれば、環境の影響だけとは思えない。

やはり、私が運動ができないのは、私の母親の遺伝子のせいなのだ。

もっとも、母親ばかりを責めるわけにもいかない。

体育教員である祖父から、運動オンチな私の母親が生まれたのにも、思い当たることはある。じつは、私の祖母が、運動が苦手な人なのだ。つまり、私の母親も引き継いだ遺伝子のせいで、運動ができなかったのだ。

何という因縁だろう。

もちろん、運動神経と呼ばれるものには、たくさんの遺伝子が関係していて、アルコールを分解するようなたった一つの遺伝子で説明できるような単純な仕組みではないだろう。

しかし、私の家系を見る限り、「運動オンチの遺伝子」は間違いなく存在する。そして、その「運動オンチの遺伝子」は、私の祖母から、私の母、そして私へと、呪いのように受け継がれてきたのだ。

何ということだろう。

もう、私たちには、どうすることもできない。

どんなにあがいてみても、遺伝子に逆らうことはできないのだ。

## どうして足の遅い遺伝子があるのか？

私は運動ができない。さかあがりもできなければ、足も遅い。

それにしても、と私は考えてみた。

どうして、私のような「足の遅い遺伝子」がこの世にあるのだろう。


じつは、子どもの頃、疑問に思ったことがある。

子どものときに読んだ動物図鑑に、世界で一番足の速い動物が載っていた。その動物はチーターである。チーターは時速一〇〇キロメートルの速度で走ることができる。

その図鑑には、比較のために人間も載っていて、人間のおよそ三倍の速さで走ることができると記されていた。ところが、その人間の代表として載せられていたのは、世界記録を持つオリンピック選手だったのである。

子どものときの私は、チーターは普通のチーターが登場しているのに、人間はオリンピック選手を出すのは何か公平でないような気がしていた。チーターの世界でも世界記録を出すようなチーターはもっと速いのではないか。あるいは、チーターが普通のチーターなら、人間も普通の人と比較すべきではないか。そう思ったのである。

しかし、どうだろう。

人間はオリンピックに出場するようなアスリートと、私のような運動オンチでは、足の速さに大きな個人差がある。

これに対して、チーターはどれも優劣なく足が速いような気がする。

チーターには、私のような鈍足はいないのだろうか。

＊

キリンはどれも首が長い。首の短いキリンはいない。

どうして、キリンは首が長いのだろう。

生物の進化は謎に包まれているが、ダーウィンの進化論ではこのように説明される。

キリンの祖先の首は短かった。その中から、他の仲間よりも少し首の長い個性を持ったキリンが現れる。すると、そのキリンは、他のキリンよりも高い木の葉を食べることができて有利となる。そして、少し首の長いキリンは、他のキリンよりも生き残る確率が高くなり、より確実に子孫を残すことができるようになる。それを繰り返すうちに、やがて少し首の長いキリンの集団ができあがる。その集団の中から、他の仲間よりもさらに首の長い個性を持ったキリンが現れる。こうして、「より首の長いキリンが生き残る」ということを繰り返すうちに、首の長いキリンが進化をしたと考えられているのである。

首の短いキリンは低い木の葉を食べれば良いのではないかと思うかもしれないが、キリンが暮らすサバンナでは、低い木の葉はインパラなどの他の草食動物が食べると役割が決まっている。そのため、低い木の葉を食べるスペシャリストの動物との競争に敗れて、エサを十分に食べられない可能性もあるのだ。

こうして、高い木の葉を食べることのできない首の短いキリンは生き残ることができず、首の長いキリンが生き残るということが繰り返される。そして、首の長いキリンが誕生したのだ。

そのため、キリンはどれも首が長い。

*

チーターも同じである。

チーターは短距離のスピード勝負で獲物を獲《と》る。足が遅いチーターは獲物を獲ることができない。

そのため、チーターに足の遅い遺伝子はない。足が遅いと生き残れないからだ。


**それなのに……私たち人間には、私のように足の遅い人がいる。**


私がこの世にいるということは、間違いなく、足の遅い遺伝子が存在するのだ。

それは、私たち人類は足が遅くても生き残ることができたということなのだ。

もし、チーターと同じように足の速さが不可欠であれば、足の遅い遺伝子を持つ人は生き残れない。人類が生き残るために足が速いことは必要ではなかったということなのだろうか。

もちろん、肉食獣から逃れたり、獲物を追いかけたりするときには、足が速い方が有利な場面もあったことだろう。しかし、それは必ずしも必要な能力ではなかった。

きっと、そうだ。


これって、足の遅い私の都合の良い解釈に過ぎないのだろうか。

## 進化の過程で残された個性の意味

もう一つ、遺伝子を受け継いでいくためには、さらに重要なことがある。

自分が生き残るだけでなく、子孫を残さなければならないのだ。

子孫を残すためには、パートナーとなる相手と結ばれなければならない。

小学生の頃、足の速いスポーツマンの男子は、とりあえずモテた。

もし、「足が速い」ことがモテるために不可欠な要因だとすれば、足の遅い私のような個体は、子孫を残すことができない。

それでも、人類の中に「足が遅い」という遺伝子が、多く残されているとしたら、人類の進化の歴史の中では、足の速さは、モテるかどうかと関係ないことになる。

世の中には足の遅い人がいる。

私は足が遅い。この遺伝子は先祖から受け継がれたものだ。

しかし、時代を遡れば、さまざまな災害もあっただろうし、戦乱もあったことだろう。農民も刀を持って合戦に参加していた時代もあっただろうし、さらに遡ればナウマンゾウを追いかけて狩猟をしていた時代もあったことだろう。

足が遅い遺伝子を持ちながら、私の祖先はそれぞれの時代を生き抜いてきたということなのだ。そして、モテない遺伝子を持ちながらも、ちゃんとパートナーを見つけて子孫を残してきたということなのだ。

こうして、足が遅いという遺伝子は脈々と受け継がれてきた。

そうでなければ、私はここにはいない。

それにしても……と私は思う。

私たちの中には、足の速い人もいれば、足の遅い人もいる。

足が遅いことは「個性」であると言われる。

足の速さだけではない。

私たちには、さまざまな個性がある。

そもそも、どうして「個性」というものが、あるのだろう。

そして、もし、「個性」が必要だったとしても、足の遅い遺伝子まで、必要なのだろうか？

# 足の遅い遺伝子に、本当に価値はあるのだろうか？

# 第1章

## 世界がもし〝勝ち組〟だけだったら

——個性とは何だろう?

**エリートばかりが残ったらどうなる？**


個性とは何だろう？

そして、どうして個性が必要なのだろう？

そう考えて、思い出したのは、昔むかしに起こったというジャガイモにまつわる事件である。

＊

一九世紀のアイルランドでの話である。

寒冷でコムギが育ちにくい当時のアイルランドでは、ジャガイモが重要な食料となっていた。

ところが、あるとき、歴史的な事件が起きる。

ジャガイモの疫病が大流行をして、アイルランドで栽培されていたジャガイモが壊滅状態になってしまったのである。

これが、「ジャガイモ飢饉《ききん》」と呼ばれる事件である。

このとき、生活に困窮したアイルランドの人々は、食べ物や仕事を求めて、祖国を離れ、開拓地であったアメリカ大陸に渡った。

それまで、ヨーロッパから遠く離れた新天地であったアメリカに渡った人々は、一攫千金《いっかくせんきん》を狙う人たちや、わけあって祖国にいられないような荒くれ者たちが多かった。ところが、このアイルランドの大飢饉によって、大勢の「普通の人たち」がアメリカに移民としてやってきた。この事件によって、普通の国としての礎《いしずえ》が築かれ、大勢の移民の人たちの努力が、大国として発展していくアメリカ合衆国を創り上げていったのである。

そのためジャガイモは、「アメリカ合衆国を作った植物」と言われることもある。

それにしても……どうして国中のジャガイモが壊滅してしまうような大惨事が起きてしまったのだろう。

その原因こそが「個性の喪失」にあったと言われている。

ジャガイモは南米アンデス原産の作物である。

コロンブスの新大陸発見以降に、世界中に紹介されていった。

ジャガイモは、芋で殖《ふ》やすことができる。

芋で殖やすことのできるメリットは、芋で殖やせば元の株と同じ形質の株を栽培することができるということだ。

タネは、元の株とは親子の関係になる。親子は似ていることが多いが、親とまったく同じではない。親とは似ていない子も存在する。

ところが、芋は違う。

もし、優れた株があれば、そこからとれた芋を植えていけば、優秀な株を殖やすことができる。芋がたくさんできる株を選んで、その芋を植えれば、芋の収量は多くなる。

こうして、アイルランドでは、収量の多い優秀な株を殖やして、国中で栽培していたのである。

収量が多いジャガイモの品種は、ジャガイモの中のエリートである。

こうして、エリートの芋が選抜されて、殖やされていったのである。

＊

ところが、である。

エリートとしての優秀さの尺度は、「収量が多い」という基準のみで評価されたものでしかなかった。そして、そのエリートには、重大な欠点があったのである。

それが、ジャガイモ疫病という病気に弱いということだった。

全国で、一つの品種しか栽培されていないということは、一つの株がある病気に弱ければ、国中のジャガイモがその病気に弱いということになる。そのため、アイルランドでは国中のジャガイモが壊滅してしまったのである。

それがアイルランドで起こった事件である。

それでは、原産地の南米アンデスでは、どうだっただろう。

アンデス文明から続く、長い歴史の中で、南米アンデスでジャガイモが壊滅するようなことは起こらなかった。

南米アンデスでは、さまざまなジャガイモの品種が栽培されている。つまりは、個性豊かなジャガイモがそこで栽培されていた。

収量が多い品種もあれば、ある病気に強い品種もある。ある病気に弱くても、他の病気に強い品種もある。このように南米アンデスでは、さまざまな個性を持っていたジャガイモを一緒に栽培していたのである。そのため、病気が発生して枯れる株があったとしても、すべての株が枯れてしまうようなことは起こらなかったのである。

## もし世界が全員「僕」だったら

このアイルランドで起こった大飢饉は、「多様性」の大切さを説明するエピソードとして語られる。

アイルランドのジャガイモは個性を失っていた。そのため、ジャガイモ疫病によるアクシデントを乗り越えることができなかったのだ。

実際に野生の動植物は、遺伝的な多様性を持っている。

たとえば、植物であれば、同じ集団の中に乾燥に強いものがあったり、寒さに強いものがあったりする。病気に強いものもあれば、成長が早いものがある。このようにさまざまな個性を持たせることで、どのようなことが起こっても、どれかは生き残る仕組みを作っているのである。それが遺伝子の持つ「多様性」である。

何が起こるかわからない状況では、さまざまな性質を持つ方が良い。

そのため、野生の動植物は遺伝的な多様性を持っているのだ。

しかし、私たち人間は科学文明を築き上げた。

ジャガイモとは違う。

実際にジャガイモだって、現代ではメークインや男爵など、決まった品種が栽培されるようになっている。農薬などの技術の発展が多様性を必要としない単一品種の栽培を実現したのだ。


**こんな科学技術の発達した現代においても、個性や多様性なんて必要なのだろうか？**

＊

ジャガイモは優秀な芋を増殖して殖やしていく。つまり、クローン増殖だ。

人間の世界ではクローンはＳＦの世界の話だけれど、農業ではクローンは当たり前の技術だ。ジャガイモだけではない。イチゴやサツマイモ、ミカンやリンゴなど、さまざまなものがクローンで殖やされている。

その気になれば、人間のクローンだって作ることもできる。

たとえば、私のクローンをたくさん作って、私だけの世界を作ったらどうだろう。そうすれば、すべて私の思い通りになるし、私が考えたことは、みんなが賛成する。お互いに考えていることもいっしょだから、行き違いになることもないし、ケンカすることもない。そんな理想の世界が作れるのではないだろうか……。

そして私は、そんな理想の世界の大統領になるのだ。

しかし、待てよ。と私は思い直した。

私のクローンだけで作られた世界ということは、その世界のすべてのことは私がしなければならないということだ。

フランス料理のシェフも、中華料理の料理人も、寿司屋の大将も、ケーキ屋のパティシエも、みんな私だ。

手先の細かい仕事も、力仕事も、技術が必要な仕事も、頭を使う仕事も、アイデアが必要な仕事も、すべての仕事は私の能力に掛かっている。

アイドルとして歌ったり、踊ったりするのも私だし、台本を覚えて映画やドラマで演技するのも、すべて私だ。歌謡曲を作曲したり、テレビ番組を制作したり、カメラで撮ったり、イラストを描いたりするのも、すべて私の仕事だ。プロの将棋指しになれば、ずっと座って考え続けなければならない。

マラソンや柔道のオリンピック代表やサッカーの代表チームとして戦うのも、すべて私だ。

世界といえば、外国の人たちと外交をするのもすべて私に掛かっている。もちろん、英語の通訳も中国語の通訳も韓国語の通訳も、私がやるしかないだろう。

こんなの不器用な私にはとても無理だ。

＊

いや待てよ。

よくよく考えてみれば、私しかいないのだから、別に運動ができなくたって構わない。

足の遅い私どうしが競争をするのだ。頑張れば金メダルも狙えるかもしれない。

それどころか、オリンピックの全種目をやらなければならないということもない。そもそも私は運動が好きではないのだから、オリンピックなんてやめてしまえば良いのだ。

そういえば、英語も中国語も必要ない。

世界中の人間が私なのだから、世界中の人が日本語を話せば良いだけの話だ。

レストランだって必要ない。どうせ、自分で作るのであれば、家で作って食べることにしよう。

しかし、よくよく考えていくと、オリンピックを中止するだけでは、済まなそうだ。

料理を作るのは私だとしても、誰が米や野菜を育てるのだろう。魚も獲りにいかなければならない。食材だけではない、鍋やフライパンも必要だ。誰かが包丁も作らなければならない。チョコレートも食べたいし、ケーキも食べたい。

世の中にはたくさんの仕事がある。

私だけの世界は、すべての会社の社長は私であるし、その会社の社員もすべて私である。つまり、総務も経理も、企画も営業も製造もすべて私がこなすということだ。

警察官も私だし、学校の先生も私だ。家を建てるのも私だし、道路を作るのも私だ。電気もガスも水道もすべて私の能力で維持しなければならない。

いやいやこれは、大変そうだ。


そもそも私のような平凡な人間でクローンで世界を作ろうとしたことが間違いなのだ。

私よりも、もっと優れた人であれば、どうだろう……。

しかし、それも難しそうだ。

どんなにパーフェクトな人がいたとしても、やはり得意と不得意はある。あるいは、好きなことと嫌いなことがある。この世界のすべての仕事をこなせるような超人はいないだろう。

金太郎飴のようなクローンで作る社会は、何だかあまり幸せそうではない。

そういえば、アイルランドのジャガイモだって選び抜かれたエリートのジャガイモのクローンだった。

やはり、多様性のないクローン人間の社会は、アイルランドのジャガイモと同じように、みんなで滅んでしまいそうだ。

やっぱり、さまざまな人がたくさんいないと社会は成り立たないのだろうか。

そして……、これが、「個性」の役割なのだろうか。

## 一卵性双生児に個性が生まれるとき

世界には、さまざまな人種がいる。肌の色や目の色もさまざまだ。

私たちのまわりを見まわしても、容姿の異なるさまざまな人たちがいる。性格もバラバラだ。

ただし、一人一人の人間はバラバラなように思えるが、遺伝子のレベルで見ると人類のゲノムの九九・九パーセントは基本的に同じである。

日本人のようなアジア人と欧米人とアフリカ人は、見た目が違うような気がするが、遺伝子のレベルで見れば、ほとんど差はない。民族が違う、言語が違う、宗教が違うと、どんなに違いを主張しても、遺伝子から見れば、結局はおんなじなのだ。

世界の人たちでさえそうなのだから、同じ日本人である私たちのまわりの人たちは、なおさらそうだ。

どんなに嫌いな人も、どんなにわかり合えないように思える人も、九九・九パーセントは自分とまったく同じ存在なのだ。

つまり、私たちが個性とか、自分らしさと言うものは、ほんのわずかな差でしかないのである。

あいつはすごいと、うらやんでみたり、あいつとは気が合わないと思ったりする人もいるけれど、持っている遺伝子は、結局、みんな同じなのだ。

もう誰も彼も同じ遺伝子でも良さそうなものなのに、わずかな遺伝子の差を生み出して個性が生み出される。

そんなことに、いったい意味があるのだろうか。

＊

私たちは個性ある存在である。

この世の中に、あなたと同じ個性はない。私と同じ個性もない。

個性は、自分だけが持つかけがえのないものである。

それは本当だろうか？

たとえば、一卵性の双子はどうだろう。

一卵性双生児は、同じ遺伝子を持つ受精卵が二つに分かれて誕生する。そのため、すべての遺伝情報はまったく同じである。

一卵性双生児であれば、同じ遺伝子を持つ存在がこの世にいることになるのである。

一卵性双生児も、唯一の個性ある存在と言えるのだろうか。

私の身近で壮大な実験がある。いや、正確には実験ではないのだが、私から見れば壮大な実験だった。

その子どもたちは一卵性双生児だった。しかし、育児が大変だったのだろう。一人は母親に育てられたのに対して、一人は近所に住むおばあさんに預けられて育てられた。

すると、どうだろう。一卵性双生児であるはずなのに、幼稚園に上がる頃には、すっかり性格が違ってきてしまったのだ。

同じ遺伝子を持つはずなのに、違った個性になってしまったのである。

これは、どういうことなのだろう。

## 九八パーセントのガラクタ遺伝子の意味

生物が持つDNAのうち、遺伝情報を持つ部分を「遺伝子」と呼ぶ。

ところが、DNAを解析していくと、情報を持つ遺伝子の部分は、DNAのわずか二パーセントに過ぎないらしい。

そのため、研究者たちは残りの九八パーセントのDNAは、役割のないジャンク（ガラクタ）のような存在だと呼んでいたのである。

ところが、である。

最近の研究では、使われていないと思われていた膨大なDNAは、さまざまな役割を持つことが明らかにされてきた。

そのうちの一つが、遺伝子のスイッチをオンにしたり、オフにしたりする働きである。

たとえば、まったく同じ遺伝子が一〇だけあることを想定しても、それぞれの遺伝子のオン・オフを組み合わせると、二の一〇乗で、一〇二四通りの違いを作ることができる。

遺伝子はこうして、人間の「個性」と呼ばれるものを生み出しているのではないかと考えられているのである。

つまり、DNAの多くの部分が「個性」を生み出すために使われていたのである。

目という複雑な器官を作ったり、手足の指に爪をつけたり、人間の体というのは、じつによくできている。しかも、人間は脳というじつに精巧な器官を発達させている。それらの設計図は、すべてDNAに刻まれている。しかし、その精巧な体を作るのに必要なDNAは、わずか二パーセントであっても、それ以外の膨大なDNAが、「違い」を生み出し、「個性」を生み出すために、使われているのである。

生物は、生き抜くために必要な遺伝情報を蓄積し、進化を遂げてきた。

私たちが思っている以上に、人類が生き抜く上では、「個性」が大切なのである。

*

そのため、一卵性双生児のように、まったく同じ遺伝子でも異なる個性が作り上げられていくのである。

一卵性双生児が、同じ両親のもとで同じ家で育ったとしても、まったく同じ環境であることはあり得ない。

生まれた順番によって上の子、下の子というレッテルを貼られることもある。学校では違うクラスになり、違う先生に教わり、違う友だちと遊ぶこともあったりするだろう。一卵性双生児だからと言って、まったく同じ経験をして、まったく同じ人生を歩むわけではない。

そんな環境の違いによって、遺伝子がオンになったり、オフになったりする。こうして、異なる個性になっていくのである。

また、一卵性双生児であっても、指紋は同じではないという。これは、受精卵が二つに分かれた後に、母親のお腹の中で微妙に違う位置にあることが関係していると言われている。

こんなわずかな違いが、異なる個性を生み出すのである。

もしかすると、たとえ一卵性双生児であっても、生まれたときには、すでにそれぞれが異なる個性を持つ存在になっているのかもしれないのだ。

## 生物がさまざまな答えを用意するとき

人類は遺伝子を駆使して、個性を生み出そうとしている。それなのに、不思議なことがある。

こうして作り出された私たちは、顔も違うし、性格も違う。個性ある存在だ。

しかし、不思議なことがある。

たとえば、目の数は、誰もが二つである。もしかすると三つある人もいるかもしれないが、ほとんどの人は二つだ。そこには個性はない。

## どうして目の数には個性がないのだろう。

もし、そんなに個性や多様性が大事だと言うのであれば、目の数も三つだったり、一つだったり、さまざまな方が良い。その方が顔の個性だって、より多様になるだろう。

目の数が二つなのは当たり前ではないか、と思うかもしれないが、実際にはそうではない。

たとえば、多くの昆虫は二つの複眼の他に、三つの単眼という目がある。つまり、目が五つあるのである。

はるか昔の古生代の海には、目が五つの生き物や、一つ目の生き物が存在していた。しかし、私たちは、二つの目に進化をしてきた。それは、進化の過程で目の数は二つあるのが、ベストな数字だったのである。

生物は、最適な形に進化をする。

もし、正解の形があるのであれば、その形に進化すれば良いだけの話だ。

目の数は二つが正解である。だから、目の数に個性はないのだ。

＊

首の短いキリンはいない。それは、キリンにとっては首が長いのが正解だからだ。

足の遅いチーターもいない。それは、チーターにとっては足が速いことが正解だからだ。

しかし、正解がないときに、生物はたくさんの個性を用意する。

それが遺伝的な多様性である。

遺伝的に多様な集団であることで、あらゆる環境に対応し、さまざまな環境の変化に対応しようとしているのである。

ベストな答えがないとき、生物はさまざまな答えを用意する。そして、「多様であること」を重視するのである。

## 明るい人が正解か、暗い人が正解か

目の数が二つというのは、遺伝子で決められている。

遺伝子は体の設計図なのだ。

それでは、私たちの個性と呼ばれるものは、どのように決められているのだろう。

生物の進化は、正解のないものは、さまざまな答えを用意する。つまり、みんながそれぞれ違う答えを持っているのだ。

それが遺伝的な多様性である。

そして、その遺伝的な多様性は、人間の世界では、それこそが「個性」と呼ばれるものだ。

**「遺伝的な多様性」は、答えのない世界を生き抜くために、生物の進化が戦略的に作り出したものである。**

生物は答えのあるものは、答えの形に進化する。

そして、答えのないものに対して「個性」を用意するのだ。

私たちの目の数に個性はない。

それでは、どのようなものに個性があるだろう。

たとえば、顔は一人一人が違う。ということは、顔立ちにはベストな答えがないということなのだ。

もし、イケメンの顔が正解なのだとすれば、すべての人類がその顔立ちに進化をするはずだ。そうでないということは、私の顔もまた、たくさん用意された答えの一つということである。

性格も人によって、それぞれ違う。つまりは、正解がないということだ。

明るい人が正解なのか、暗い人が正解なのかは、わからない。

積極的な人と、引っ込み思案の人と、どちらが正解かはわからない。

だから、人類の進化は、さまざまな性格の人を用意した。

「私」という人格もまた、人類の進化の出した答えの一つなのだ。

つまり、足が速いのも、足が遅いのも、人類の進化が出した答えである。

（ん？）

いやいや、足はさすがに遅いよりも速い方が正解のような気がする。

人類の進化を考えたとき、足は速い方が良いに決まっている。

天敵の肉食獣から逃げたり、獲物を追いかけたりするときには、どう考えても、足が速い方が有利だろう。

どうして、足が遅いという個性があるのだろう。

それとも、足が遅い私は、本来であれば淘汰《とうた》されるべき存在なのだろうか。

# 第2章　私たちはなぜ人と比べたがるのか？

## 頭がいいって何だろう?

キリンの首の長さに個性はない。それは、キリンは首の長い生物としての進化を遂げてきたからだ。

チーターの足の速さに個性はない。それはチーターが足の速い生物として進化を遂げてきたからだ。

低い木の葉を食べるように進化をした首の短いキリンはいない。キリンにとって、首が長いことが価値のあることだからだ。

一方、足の遅いチーターはいない。チーターにとって、足が速いことに価値があるからだ。

それでは、人間はどうだろう。

人間は、他の生物に比べて頭の良い生物として進化をしてきた。

そうであるとすれば、やはり頭が良いことに価値があるのではないだろうか。

しかし、世の中には頭がいいと言われる人と、頭が悪いと言われる人がいる。

いや、待てよ。

**そもそも、頭がいいって、どういうことなのだろう。**

＊

小学生のときの話である。

小学校で人気者になる条件として、足が速いことと同じくらい大事だったことが「頭の良さ」である。

何でも知っている物知りな友だちは「頭がいい」と言われていた。

クイズ王であることは、頭がいいことの条件なのだろうか。

ある友だちは、四七都道府県の県庁所在地をすべて言うことができた。外国の首都も何でも答えることができた。その人は「頭がいい」と言われていた。

ある友だちは、プロレスラーの名前をすべて言うことができた。名前だけではなく、身長や体重、生年月日まで、スラスラと言うことができた。

私は「頭がいいなぁ」と感心した。

しかし、その友だちはみんなからは「頭がいい」とは言われなかった。ただのプロレスマニアとして扱われていた。

この違いは何なのだろう。

頭がいいって何なのだろう。

＊

私は英語が苦手なので、英語をペラペラとしゃべれる人は、カッコいいし、頭がいいなぁと思う。

しかし、冷静に考えてみれば、アメリカなどの英語圏の国では、足し算もできないような子どもたちがペラペラと英語を話している。英語がしゃべれるだけで、頭がいいということにはならないだろう。まぁ、それはそうだ。

俗に「頭のいい学校」と呼ばれる学校がある。頭のいい学校に入るためには、入学試験を受ける必要がある。

受験勉強では、覚えなければならないことが多い。

たとえば、数学の問題を勉強するときには、わからない問題をいつまでも解いているのは時間の無駄である。わからない問題は、考えることをやめて答えを見てしまうことが有効だ。そして、答えを見て、解き方そのものを覚えてしまうのだ。

試験のときには、わからない問題は解くのをやめて、確実に解ける問題で点数を稼ぐようにする。

つまり、難しい問題にはチャレンジせずに、できるだけ考えないことが大切なのだ。それが「頭のいい学校」に入るためのルールなのだから、それは仕方がないことだ。

それにしても、頭がいいって何なのだろう?

## 「エラい人はいない! みんなバカ!」

小学校の日本史の授業のときのことである。

二枚のイラストが示された。

一枚のイラストは、リーダーもおらず、人間は思い思いに狩りをしたりしている。

もう一枚のイラストは、リーダーがいて、リーダーのもとで水路を掘ったり、稲作に取り組んだりしている。隅の方では争っているようすも描かれている。

授業の中で、先生は聞いた。どちらの絵がより新しい時代だと思いますか。

最近の研究では、縄文時代にも進んだムラが築かれていて、農耕もあったと言われているから、現在の縄文時代のイメージとは異なるが、示されたのは当時の教科書に載っていた縄文時代と弥生時代の絵である。もちろん、リーダーがいて組織的に労働が行なわれているのが、時代の新しい弥生時代である。

多くの子どもたちは、当たり前のようにリーダーがいる時代の方に「新しい時代」だと挙手をした。

ところが、一人の男子が「リーダーのいない時代」を新しい時代だと手を挙げた。

そして、その子は言った。「みんなで争いをして、文明が滅んで、みんなバカになった」

それを聞いてクラスのみんなは笑った。

大人になった今になって思えば、何と斬新な考え方なのだろうと感心してしまう。

頭のやわらかさに脱帽である。

子どものときは他の人と違うことをすると、「どうしてみんなと同じにできないの」と怒られる。そうして、何とかみんなと同じであるように頑張ってきたはずなのに、大人になると急に「他人と違うアイデアを持ってこい」と言われたりする。そして、他の人と違うアイデアを次々に出す人は「頭がいい人」と言われる。

大人の世界では、この子は間違いなく「頭がいい人」だ。

先生は、その子を無視して授業を進めていく。

そして、弥生時代のイラストを見せて、こう質問した。

「この中でエラい人はどれですか？」

するとその男子が言った。

「エラい人はいない！　みんなバカ！」

リーダーが偉いとは限らない。なんて、深くて秀逸な答えなんだろう。

しかし、その子のことを「頭がいい」という友だちはいなかった。その子は、クラスでは頭の悪い子というレッテルを貼られていた。

「エラい人はいない　みんなバカ！」

私はその子の答えを噛みしめた。

頭がいいって何だろう。

## 頭の良さは勉強の出来不出来で決まる?

学校の勉強ができる人は、頭がいいと言われる。

分数の割り算は、割る数をひっくり返して、かけ算をする。どうして?と問われれば、大人になった今でも上手に説明することはできない。そういうルールだと思うしかない。そう割り切る人だけが、テストで満点を取ることができる。

一方で、どうして割る数をひっくり返すのだろう?　リンゴを二分の一に割るってどういうこと?と考えてしまう人は、テストで良い点を取ることができない。

しかし、「どうしてそうなるのか?」と考える人は明らかに数学者向きだろう。

覆面算というパズルがある。

各文字には0～9の数字が当てはまる。このとき、同じ文字には同じ数字が入る。たとえば次ページのような問題だ。

解答は69ページである。

こんな問題を見たときに、チャレンジしてみたいと思う人がいる。

しかし、これはパズルだが、もしこれが受験勉強だとすれば、じっくり問題を楽しんでいる時間はない。とりあえず解答を見て、短時間で解き方を知る人の方が受験勉強には向いている。

```
  SEND
+MORE
------
MONEY
```

頭がいいって何だろう？

記憶力が良く何でも覚えられることだろうか。

それとも、頭がやわらかく、新しいことをひらめくことだろうか。

それとも、要領良く問題を解いていけることだろうか。

それとも、難しい問題を時間を掛けて考えることだろうか。

頭がいいって何だろう?


「頭がいい」ということに対して、おそらくは答えはない。

そこで遺伝子は、さまざまな頭の良さを用意した。

「みんなバカ」も本質かもしれないが、言い換えれば、みんなそれぞれ頭がいいのだ。


しかし、どうだろう。

「すべての人が頭がいい」と言われても、あまりピンと来ない。

やはり、世の中には頭のいい人と、頭の悪い人がいるような気がする。

確かに、数学が得意な人もいれば、英語の得意な人もいる。国語の得意な人もいれば、理科や社会の得意な人もいる。

得意な科目は、人それぞれかもしれないが、すべての科目が得意な人もいる。その一方では、得意科目は一つもないという人もいる。

やはり、頭のいい人と頭の悪い人というのは、存在するのではないだろうか。

| 0 | 1 | 2 | 3 | 4 | 5 | 6 | 7 | 8 | 9 |
|---|---|---|---|---|---|---|---|---|---|
| O | M | Y | | | E | N | D | R | S |

```
  SEND
 +MORE
------
 MONEY

  9567
 +1085
------
 10652
```

67ページの解答

最上位の万のケタのMには1しか入らない(仮に千の位の足し算が最大値の9＋8だったとしても、17にしかならないため)。

Mが1なのに、千のケタの足し算は繰り上がるから、Sは8か9。Oの値は0か1になる。1はすでにMが割り当てられているので、Oは0となる。

ここから先は、簡単には数字が決まらず、いくつかの数字の組み合わせが考えられるので、場合分けをしながら、矛盾なく当てはまる数字を探していく根気のいる作業となる。

## 比べて評価する私たち

たとえば、色々な花があるとする。

赤い花もあれば、黄色い花もある。つまり、「多様性」だ。

この中で、どの花が一番きれいだろう。

何をきれいと言うかは、人によって異なる。赤い花がきれいだと言う人もいれば、黄色い花がきれいだと言う人もいる。

しかし、それでは困る。どうしても一番を決めなければならない。それではどうすれば良いのだろう。

みんなできれいだと思う花を投票するという方法もあるけれど、それはあまり公平とは言えない。

誰もが「一番」と認めるためには、数字で比較することが重要だ。

一と一〇は、一〇の方が大きくて、一の方が小さい。数字で表わせば、客観的に比べることができる。それが、人間の世界のルールだ。

それでは、どうすれば花の美しさを数字で表わすことができるだろう。

たとえば、花びらの大きさを測れば、数字で表わすことができる。もちろん、花びらが大きい方が、見た目も豪華だ。

あるいは、機械を使えば色を数値化することができる。花の色の濃さで比較したら、どうだろう。色が濃い方が、色が鮮やかということだ。

こうして、数値化することで、色々なものを比べたり、一番を決めたりすることができるのだ。

しかし……と、皆さんは思うだろう。

それで、本当に「きれいな花」と言うことができるのだろうか。

たとえば、花びらの大きさで美しさを競うのは、「花びらの大きい花が良い」というルールが前提になっている。しかし、中には小さい花の方がカワイイという人もいるだろう。あるいは色の濃さを比べるのも、「色が濃い方が良い」ということが前提になっている。

しかし、色の淡いパステルカラーの方が好きだと言う人も多いだろう。

もっとも、そんなことを言っていたら、一番を決めることはできない。どうしても、一番を決めようと思えば、「花びらの大きさ」や「色の濃さ」という指標を使うしかない。

いわゆる必要悪というものだ。

＊

そんなバカな！と思うかもしれないが、たとえば農業の世界では、こういうことが行なわれている。農産物はおいしさや質の良さを「比べて評価」しなければならないからだ。

たとえば、果物のおいしさをどう評価すれば良いだろう。

「そんなもの、食べたらわかる」と思うだろう。

しかし、ひと口、食べたらもう売れなくなってしまう。

そこで、まずは見た目で評価することになる。「見た目と中身は関係ない！」と思うかもしれないが、それは仕方がない。まずは「見た目がおいしそう」であることが大切なのだ。

それでは、「見た目がおいしそう」はどうやって評価すれば良いのだろう。あなたなら、どうやって評価するだろうか。

まずは傷や虫食いがないということが条件になるだろう。

少しくらい傷があっても、味に影響はないかもしれないが、それでは評価できない。

しかし、ほとんどの果物は傷も虫食いもない。

それでも、評価しなければならない。それでは、どうすれば良いだろう。

簡単に比較できるのは、大きさだ。大きい方が立派でおいしそうに見える。

こうして、大きくて立派な果物が作られる。

本当は、「もう少し小さい方が食べやすいのに」と思うこともあるけれど、そんなことを言っていたら評価ができない。もし、本当に中くらいの方が良いというのであれば、基準を決めてしまって、「大きすぎる」と評価を下げてしまえば良い。とにかく数値化しておけば、評価は自由自在なのだ。

しかし、大きさだけで味を評価するのは、やはり無理がある。

やはり、何とか味で評価できないだろうか。

そこで、登場したのが糖度センサーである。糖度センサーは果実を切らなくても、外から光を当てるだけで、中身の甘さを評価することができる。これは、とても便利だ。

「甘い果実は、おいしい」

さすがに、これは間違いがないだろう。

こうして、甘い果実が作られる。果物売り場でも「糖度○%」と表示される。これは安心だ。

世の中、甘い物が多すぎて、たまには「酸味のある果物がおいしいなぁ」と思うこともあるけれど、そんなことを言うべきではない。甘味《あまみ》以外の味わいは評価できない「雑味」でしかないのだ。

そんなことで「おいしさ」は評価できないと思うかもしれないが、他に評価の方法がないから仕方がないのだ。

文句があるなら、他の評価方法を提案してくれれば良い。

こうして、世の中には見かけが良くて、大きくて甘いだけの果物があふれていく。

## 脳は「多様性」に耐えられない

人間の世界で言えば、人の心を感動させるような歌の上手い人がいる。

それでは、歌の上手さはどのように評価すれば良いだろう。

そういえば、カラオケ採点機というものもある。

まずは、声の大きさだろう。ボソボソとした声よりも張りのある通る声の方が良い。

しかし、声がでかければ良いというものではない。音が外れていては話にならない。やはり、楽譜の音階どおりかどうかを判定しなければならない。

とはいえ、楽譜通り歌うだけで上手いと言えるだろうか。

それでは、ビブラートも評価したらどうだろう。ビブラートの長さや回数は数字にすることができる。つまりは、加点することが可能なのだ。

しかし、どうだろう。

それだけでは、歌の上手さとは関係ないような気もする。

実際に、上手な人はテンポやリズムを楽譜からわざとずらすこともある。それに、けっして上手くないのに、感情がこもっていて人の心を動かすような歌もある。

評価するということは、本当に難しいことだ。

いや、そもそも評価することなんて、できないはずだ。

一番きれいな花なんて決める必要はないし、歌の上手さなんて比較する必要もない。

しかし、私たちは一番を決めたくなるし、どちらが上かを比較したがるのだ。

＊

次ページ上の数字を五秒間だけ眺めてみてほしい。

どのような数字があっただろう?
覚えることができただろうか。

それでは、三番目に大きな数はいくつだっただろう?

濃さも大きさもさまざまな数字たち。これが「多様性」という世界である。
それでは、次ページ上はどうだろう。

同じ質問をしてみよう。

どのような数字があっただろう?
覚えることができただろうか。

それでは、三番目に大きな数はいくつだっただろう？

じつは、最初の数字と同じ数字が並んでいる。

それなのに、前の問題に比べて、格段にわかりやすくなったのではないだろうか。

「多様性」は大切である。しかし、私たちは多様なものを理解することができない。

わずか八つの数字であっても、個性を発揮されると理解できないのだ。これが私たちの脳の限界である。

そこで、私たちが理解するためには、大きさをそろえたり、順番に並べたりして、整理する必要があるのだ。

自然界はじつに多様で複雑である。

しかし、残念ながら、私たちはこの多様さや複雑さをそのまま理解することができない。そこで、シンプルな形に加工することで、何とか理解しようとしているのである。

複雑なものをシンプルにする方法が、そろえたり、並べたり、比べたりすることである。

世の中には数え切れないくらいたくさんの種類の生き物がいる。

しかし、「数え切れないたくさん」では、私たちの脳は気持ちが悪い。そこで、「二〇〇万種類の生き物がいます」と言うと、急にわかったようなつもりになる。

実際には、まだ人間が分類しきれていない未知の生き物もたくさんいるので、本当のところは何種類いるのか、誰にもわからない。実際には二〇〇万種の数倍も数十倍もの種類の生物がいるのではないかと推測されているが、それも推測であって、本当のところはわからない。しかし、「たくさんあってわからない」では人間の脳はスッキリしないのだ。

二〇〇万種というのもなかなかの数である。

そこで、私たちは生物を背骨のある脊椎《せきつい》動物と、背骨のない無脊椎動物に分けてみたりする。さらに脊椎動物の中でも、哺乳《ほにゅう》類という動物に分けてみたりする。

哺乳類は、胎盤を持ち赤ちゃんを産んで、乳で赤ちゃんを育てるという特徴がある。中にはカモノハシのように赤ちゃんではなく、卵を産むものもいるけれど、例外があることは承知の上だ。とりあえず、分類することが大事である。「たくさんの生き物がいる」では人間の脳は理解できない。まずは、理解するために分類する必要があるのである。

サバンナの動物は、ライオンのような肉食動物とシマウマのような草食動物に分けてみよう。肉食動物のライオンやヒョウ、チーターなどはネコ科の動物とまとめてみよう。

こうして、分類をしていくと、何となくわかったような気になることができる。

## やっかいな植物の分類

こうして、さまざまな生物が分類されている。

たとえば、テントウムシは甲虫目というカブトムシやコガネムシの仲間に分類されている。テントウムシの中には葉っぱを食べる草食性のものと、アブラムシなどの他の昆虫を食べる肉食性のものがある。つまり、同じテントウムシの中でも草食性と肉食性がいるのだ。

草食性のテントウムシは野菜などを食い荒らすので、「害虫」と呼ばれる。肉食性のテントウムシはアブラムシなどの害虫を食べてくれるので、人間の役に立つ「害虫の天敵」と呼ばれている。草食性のテントウムシも肉食性のテントウムシも、どちらも同じテントウムシなのに、人間の都合で害虫扱いされたり、役に立つと褒められたりするのだ。

このように、分類して区別することは、時に「良い」とか「悪い」とか、レッテルを貼ることにもなる。

＊

動物の分類は比較的、わかりやすいが、植物は難しい。

そもそも生物の種とは、何だろう。

生物の種は、「生殖的に隔離されているもの」と定義されている。

たとえば、イヌはイヌどうしでしか子孫を作ることができない。ネコはネコどうしでしか子孫を作ることができない。イヌとネコが交わっても、子孫はできない。つまり、イヌとネコは別の種である、と定義しているのである。

ときどき、ウマとロバの雑種のラバのように、別の種どうしで子どもができてしまうことがあるが、この雑種は一時的で、ラバは子孫を残すことができない。そのため、ウマとロバも別の種ということになる。

それでは、植物はどうだろう。

たとえば、ユリの仲間のササユリとヤマユリという種類のユリがある。ササユリとヤマユリは分布も異なるし、咲く時期もずれているから、ササユリとヤマユリが交配することはあり得ない。ところが、ある地域ではどういうわけか、ササユリとヤマユリが同じ時期に咲く期間がある。そのため、ササユリとヤマユリの雑種が生まれてしまうのだ。

生物種は生殖的に隔離されていて、異なる種どうしでは、子孫ができないというのが大原則である。それなのに、植物の世界では、異なる種と種とが雑種を作ってしまうことがある。植物学では「種間雑種」という用語が平気であるくらいなのだ。

ササユリとヤマユリは雑種があるだけではない。その雑種とササユリが交配をすることもある。「雑種とササユリの雑種」とササユリがさらに雑種を生み出すこともある。もちろん、雑種とヤマユリが交配したり、その雑種とまたササユリが交配したりする。もはや、どれが純粋なササユリとヤマユリかはわからないような状況だ。むしろ、混血が進んでいて、純粋なササユリやヤマユリは、もう残っていないのではないだろうか。

ササユリとヤマユリは、まったく別のユリである。

しかし、この地域で見ていると、ササユリとヤマユリの区別はまるでないようだ。

## 人間は世界一比べることが好きな生き物

じつは、このササユリとヤマユリの例に見るように、私たちの分類というものは、じつはあやふやである。

植物には木と草がある。木と草は明らかに違うように思える。しかし、本当は木と草の区別などない。ナスやトマトも冬のない環境で育てれば、木になる。

あるいは、イルカとクジラは違うように思える。しかし、イルカとクジラの明確な区別はない。生物学的な定義では、一般的に、四メートルより大きいものを「クジラ」と呼び、四メートルよりも小さいものを「イルカ」と呼んでいる。そんなもの区別でも何でもない。

何もない大地に線を引いて、ここから先は国が違うと言い張っているようなものだ。

本当は自然界には何の分類もない。しかし、私たちは分類しないと気が済まない。

分類しないと理解できないから、分類して、整理して、何とか理解しようとしているのだ。

そして、分類すると、比べたくなる。

そういえば、私が子どものときに読んだ動物図鑑には、「世界一足の速い動物はチーターです」とか「世界一背の高い動物はキリンです」と書かれていた。別に比べたり、一番を主張しなくても良さそうなものだが、どうしても比べてしまう。そして、幼い頃の私は、そんな世界一足の速い動物や世界一背の高い動物に心躍らされていたのだから、人間というのは、本当に比べずにはいられない生き物なのだろう。

まさに「世界一比べることの好きな生き物」なのである。

*

人間は比べたがる生き物である。

悲しいかな、これは人間の性《さが》である。

並べることや、比べることで、人間は複雑な世界を理解しようとしてきたのだ。

だから、人間が比べてしまうのは、仕方がないことだ。

そして、人間は比べるためにとても便利なものを発明した。

それが「数字」である。

数字は便利な道具である。こんな便利な道具があるのだから、物事を比べるときには、できるだけ数字で比較をしなければならない。

だから、学校ではテストをする。テストをすれば、数字で比較することができるからだ。

たまたまヤマを張った問題が運良く出ることもある。本当はわかっていたのに、解答欄を間違ってしまうこともある。

たった一枚のテストで、公平な評価ができるとは思えないが、それは仕方のないことだ。そうしなければ、評価できないからだ。

そして、テストを繰り返して、成績をつける。成績をつければ、偏差値も計算される。こうして、すべてを数値化していくことによって、評価することができるようになるのだ。

本当は比べられないものを、何とかして比べなければならない。数値化することは、そのために人間が考え出した工夫だ。

## 多様性と管理社会は相性が悪い

人間は本来、多様な存在である。

しかし、私たちは、多様なものを理解することはできない。そこで私たちの脳は、そろえたり、並べたり、比べたりしたがる。

それが人間の脳の性分だ。

しかも、私たちが「社会」というものを作り上げたとき、そのことはとても便利だった。

何が便利だったかって？

それは「管理する」のに、とても便利だったのだ。


人間の世界で起こっていることは、農業で起こっていることを考えるとわかりやすい。

農産物は、もともと植物である。

野菜や果物も植物だし、米や豆も、元をたどれば植物の種子《しゅし》だ。

植物は、生き物だから多様性を持っている。何が起こるかわからない自然界を生き抜く上では多様性が重要だからだ。

自然界の生物にとって「多様性」は重要である。

ところが、「多様性」があると人間は扱いにくい。

たとえば、野生の植物であれば、熟す時期をずらすことは大切なことだ。もし、一斉に熟せば、そのときに何か事故があれば全滅してしまう。そのため、早く種子が落ちたり、遅く種子が落ちたりして、バラツキを生み出すことが大切なのである。

しかし、人間が管理するイネでは、熟す時期がずれると困る。一斉に稲刈りをすることができないからだ。
実際に、日本に稲作が伝わったばかりの頃は、イネは早く熟す株や遅く熟す株があって、バラついていた。そのため、人々は石包丁という石器を使って、熟した稲穂から順番に収穫していたと考えられている。
しかし、それでは不便なので、改良に改良を重ねて、多様性を失わせて一斉に熟すようにした。こうして、そろえることによって、人間は一斉に稲刈りをすることが可能になったのである。

**多様性は大事だが、管理する上では多様性はない方が良い。**

こうして、イネは多様性を失ったのである。

## “おいしいお米”は、おいしくなかった?

それでも、江戸時代くらいまではさまざまな品種が栽培されていた。イネは品種ごとにはそろっていて、一つの田んぼの中では均一なイネが栽培されていたが、田んぼごとにさまざまな品種が作られることによって、多様性が保たれるようになったのである。

ところが、農業が近代化される中で、イネの多様性は急速に失われていった。

どうしてだろう。

答えは簡単だ。お米を評価するようになったからである。

お米を評価すれば、良い品種と悪い品種を区別することができる。そうなれば、みんなが良い品種を選んで栽培するようになる。それは当然のことだ。

その結果として、品種が厳選されて、多様性は失われていった。

現在は、イネの品種改良の技術が進んで、三〇〇種を超えるようなイネの品種がある。

しかし、実際には特定のイネから作り出された似たり寄ったりの品種ばかりだ。

米の売り場にはさまざまな銘柄が並んでいるように見えても、まるで、個性はないというのが実際のところだ。

それでは、米はどのように評価されるのだろう。

じつは、お米も見た目で評価される。

米には、一等米とか、二等米という言い方がある。

一等米は高級なお米という感じがするが、実際には見た目の悪いお米が少ないということでしかない。もちろん、しっかり熟していなかったり、害虫の被害があったりすると、見た目の悪いお米が増えるから、見た目がきれいにそろいやすいということは、それだけ栽培しやすい「良い品種」ということになるだろう。

最近では、おいしいお米が求められているから、さすがに見た目だけで評価するのは物足りない。

そこで、最近では「米の味」で評価するようになった。

色々な指標があるが、もっとも評価されるのは「たんぱく質の少なさ」だ。そして、計算式によって、米の味が得点化されるのだ。

しかし、この得点だけでは、米の味を評価することはできない。そこで、結局、人間が実際に食べて米の味を評価する。そして、計算によって算出された得点と、人間のつけた得点によっておいしいお米が評価されるのだ。

こうして、さまざまな工夫によって米の味は評価される。客観的に評価することは、それくらい難しい。

＊

米の味は訓練されたプロによって評価される。

一般においしいとされる米は、甘味が強く、しっかりした強い味わいの米だ。おにぎりにすれば最高においしいし、いわゆる「米をおかずにして、米を食べる」ことができる米。これがおいしい米である。

ところが、である。

私がいくつかの米の食べ比べを学生たちにさせたときのことである。どのお米がおいしいか選ばせると、学生たちは私が用意した「おいしい米」を選ばなかった。それどころか、学生たちが選んだのは、私が用意した「おいしくない米」だったのである。

どうして、こんなことが起こったのだろうか？

おそらくだが、学生たちは日頃、味の濃いおかずを食べている。そのため、おかずの味を邪魔しない、味の薄いあっさりした米を選んだのではないだろうか。

理由はともかく、プロの目で「おいしい米」と評価された米が、必ずしも「おいしい」と評価されるわけではなかった。「おいしい米」は絶対的なものではなかったのである。

## 意味のわからないルールの正体

とにかく、管理をする者にとっては、「多様性」は邪魔である。

だから、できるだけ多様性をなくそうとする。これは仕方のないことだ。

たとえば、法律やルールを作って、そろえようとする。

個性や多様性を大切にして、人々が車を思い思いに走らせていたら、事故や渋滞だらけになってしまう。そこで、車は左側通行というルールを作り、赤信号は止まりましょうというルールを作る。これは大切なことだ。

人間が社会を維持する上では、ルールが大切である。すべての車は左側を通行し、すべての車は赤信号で止まる。多様性はない方が良いのだ。

私が中学生のときには校則というものがあって、制服やカバンの種類が定められていた。これもルールだ。

さらに、私の中学校では、ていねいなことに、靴下の色だけでなく、靴下の長さも決められていた。男子は丸坊主がルールで、髪の長さも定められていた。

何のためのルールだったのだろう。

中学生の私には意味がわからなかったが、管理する人たちにとっては便利だったのだろう。何しろ、当時はルールを守らない不良と呼ばれる生徒がいたから、ルールを定めておけば、誰がルールに従わない不良かが一目瞭然だったのだ。

おそらくは、ただ、ルールを守らせるためのルールだ。

＊

学校では成績をつける。

当時の中学校は「相対評価」と言って、上位何パーセントが良い成績、下位何パーセントが悪い成績と決められていた。全員が頑張って学力を向上しても、成績は上がらない。結局は、クラスの中での順位が必要なのだ。

全員が満点を取ったら、順位をつけることができないから、満点を取らせないようなテストを作らなければならない。引っかけ問題を作ったり、難問奇問を織り交ぜたりする。すべては、全員が満点にならないための工夫だ。

別に全員が満点でも良さそうな気もするが、進学するためには偏差値という「数字」が必要だ。偏差値は全体の平均値を五〇としたときに、どれくらいの位置にいるかを示す指標だ。全員が一〇〇点を取ると、平均値が一〇〇点になってしまう。すると、全員の偏差値が五〇になってしまうのだ。

進学する高校も大学も偏差値で序列化されているから、これでは都合が悪い。みんな満点では困るのだ。

しかも、さまざまな才能を測るためには、さまざまな尺度を用意しなければならない。ただ、それでは困るから、その序列は、「英語」「国語」「数学」「理科」「社会」という限られた科目だけで定める方が効果的だ。

誰もが得意不得意があるし、みんなどこかに才能があるからと言って、「みんなどこかで満点」などと言っていれば、序列を作ることができない

だから、限られた「ものさし」を設けて、その「ものさし」で数値化して、序列をつける必要があるのだ。

とにもかくにも、「そろえて、並べて、比べる」ことは、管理する者にとって、都合が良いことこの上ないのだ。

## 人間の悩みのすべての根源

「そろえて、並べて、比べる」「そのために数値化する」ことは、管理する者にとって、便利なツールである。

しかし、やっかいなことに、管理される側も人間だから、管理する者と同じ脳を持っている。

つまり、「そろえて、並べて、比べる」「そのために数値化する」ことで、自分自身も理解しやすくなった気になってしまうのだ。

そのため、管理される側も「みんなが満点！」と言われても、あまり喜べないし、「自由！」と言われたら、どうして良いかわからないから、ある程度、制約してほしいという人も少なくない。「目標は何点」とか、「偏差値◯◯の学校」とか、数字で目標を定められると、わかりやすいから、やる気も出る。

管理される側の脳も、比べられる方が気持ちいい部分もあるのだ。

「ビリがなければ一位はない」

私は母の言葉を思い出した。

みんなが一位では、喜べない。

結局、一位がうれしいのはビリがいるからだ。

勝利がうれしいのは、敗者がいるからなのだ。


頭の良さなんて比較できないし、歌の上手さだって比較できない。

みんな無理やり数値化して成績をつけているだけなのだ。

本当は、「みんなが一番」でも良いのである。

しかし、私たちの脳がそれを許さない。

もちろん、それは仕方がないことである。大切なことは、それは脳がわかりやすくしているために勝手にやっていることであって、「本当の価値とは違うよね」と、頭の違う部分で理解しておくことなのだ。


生物はバラツキたがる。

しかし、多様性を理解できない人間の脳はそろえたがる。

この不斉一《ふせいいつ》なものを、無理やり斉一にしようとしているところに、人間の悩みのすべての根源があると言ったら、言いすぎだろうか。

本当の人間の価値なんて、人間の脳にはとうてい理解できないことなのだ。

すべての能力に価値がある。比べることに意味はない。


しかし、足の速さはどうだろう。

足の速さや足の遅さには「色々」は、ないような気がする。

いっしょに並んで走って、速い人と遅い人がいるだけだ。

もちろん、ストップウォッチでタイムを計って数値化することはあるけれど、そんなことをしなくても、速い人と遅い人はわかる。


**足の遅いことに、意味なんてあるんだろうか？**

## のろまは長所である

オナモミという雑草がある。

（＊私の著書を多読いただいている読者の方は、また同じたとえ話かと思われるでしょうが、この話がわかりやすいのでご容赦ください）

オナモミは、別名を「くっつき虫」とか「ひっつき虫」という雑草である。その名のとおり、トゲトゲしたラグビーボールの形をした実が服にくっつくので、子どもたちが手裏剣のように投げ合ったり、服に模様を作って遊んだりすることもある。

このトゲトゲしたものは、実なので、中を開けるとタネが入っている。

オナモミの実の中には、やや長いタネと、やや短いタネの二つのタネが入っている。

じつは、この二つのタネは性格が異なることが知られている。

二つのタネのうち、長い方のタネは、すぐに芽を出すせっかちな性格である。

一方の短い方のタネは、なかなか芽を出さないのんびりとした性格である。

それでは、このせっかちなタネとのんびりとしたタネは、どちらがより優れているだろうか？

早く芽を出した方が有利な気もするがどうだろう。

そういえば、「善は急げ」や「先んずれば人を制す」ということわざもあった。ライバルとなる他の植物に先駆けて芽を出すということは、それだけ競争に有利なような気もする。

一方、「急《せ》いては事をし損じる」ということわざもある。「ゆっくり行く者は遠くまで行く」という格言もある。

確かに早く芽を出しても、成長に必要な環境が整っていないかもしれない。早く芽を出したことによって、草取りされてしまうリスクも考えられる。

早く芽を出した方が良いかもしれないし、遅く芽を出した方が良いかもしれない。

結局、どちらが良いかは、わからない。

そこでオナモミは、二つのタネを用意しているのである。つまりは多様性を持っているのだ。

もし、「早い方が良い」「遅い方が良い」と答えが明確なのであれば、その答えを持ったタネを用意すれば良いだけの話だ。

生物は正解がないときに、たくさんの選択肢を用意する。つまり、戦略的に「個性」を持たせるのである。

何をやっても仕事が速い人がいる一方で、何をやっても仕事が遅い人がいる。

現代は、スピードが重視される社会である。そのため、仕事が速い人が褒められることが多い。

しかし、何でも速ければ良いというものではない。

たとえば、さんざん草取りをやられた後に、忘れた頃に芽を出している雑草が生き残ることがある。つまりは、のろさでナンバー1が優れているのだ。

スピード重視の世の中であっても、人間も仕事が遅い方が良いこともある。仕事が遅い人は、それだけ「慎重」で「ていねい」ということでもある。

手間ひまが必要な仕事や、慎重さを期すような仕事では、テキパキ仕事を片付けようとする人よりは、ゆっくりと仕事をする人の方が向いている。

仕事が速いとか、仕事が遅いとか言うのは、人間をたった一つのものさしで測った尺度でしかない。別のものさしで見れば、それはストロングポイントなのだ。

## 生物は意味のない個性を持たない

心配性の人は、物事に慎重だ。

神経質な人は、几帳面《きちょうめん》だ。

飽きっぽい人は、好奇心の幅が広い。

自分を主張できず周りに流されやすい人は、協調性に富んでいる。


「個性」は生物の戦略である。

個性は、正解のない中で示された答えの一つである。生物は、不必要な個性は作らない。

そう考えれば、すべての個性は必ず強みを持っているはずなのだ。


生物は必要のない個性は持たない。

個性があるということは、その個性が人間にとって必要ということなのだ。

どんなに自分のことが嫌いでも、
どんなに自分の容姿に自信がなくても、
どんなに自分の性格が気に入らなくても、

私がこの世にいるということは、この個性に意味があるということなのである。

しかし、どうだろう。

私のような足の遅い「個性」に意味はあるのだろうか。

別にゆっくりていねいに走っているつもりはない。慎重に走っているつもりもない。

精いっぱい走っても、遅いものは遅いのだ。

# 第3章　人生は自分の武器を探す旅である

## 「あきらめる」は「明らかにすること」

子ども時代には、「誰でも無限の可能性がある」と言われた。

あんなものは大ウソだ。

人は生まれたときから、持って生まれた遺伝子は決まっている。誰だって、生まれたときから限界があるのだ。

できる人と、できない人は、生まれたときからすでに差がある。ただ、幼いときはその差が目に見えないだけだ。

中高生の頃には、「同じ中学生だから、同じ高校生だから、やればできる」と言われた。

あんなものは大ウソだ。

人は生まれたときから、持って生まれた遺伝子は決まっている。

努力したって敵《かな》わない相手がいる。努力すれば必ずできるなんて、幻想に過ぎない。

生まれたときから、持って生まれた遺伝子は決まっている。

もう、それはどうしようもないとあきらめることだ。

もっとも、「あきらめる」と言うと、ネガティブなイメージに捉えられがちだが、「あきらめる」ことは、「明らめる」でもある。

つまりは、「明らかにする」ということだ。

「あきらめる」ということは、それを理解して目の前が明るくなるという、とても前向きな言葉なのだ。

「あきらめる」ということは、自分の遺伝子が何が得意で、何が不得意かを「あきらかにする」ことなのだ。

*

生まれたときから、持って生まれた遺伝子は決まっている。

たとえば、あなたの隣の人は、ふんだんにジャガイモを持っていて、おいしそうなポテトサラダを作っている。

とても、おいしそうだ。

あなたもあんな風にポテトサラダを作ってみたい。しかし、あなたの食品庫にジャガイモはない。あるのはサツマイモばかりだ。

サツマイモでも、見た目がポテトサラダのようなサラダを作ることはできるけれど、やはりポテトサラダとは別物だ。サツマイモのサラダは、それはそれでおいしいけれど、ポテトサラダを求めている限り、けっして満足するものを作ることはできない。

ジャガイモがないのに、ポテトサラダを作ることはできないのだ。

ポテトサラダを作りたいと思っている限り、ポテトサラダを作れない自分を嘆いている限り、あなたは幸せを感じることはできないだろう。

もしかすると、冷蔵庫を開ければ、新鮮な生野菜がたくさん入っているかもしれない。もしかすると、高価なカニや生ハムが入っていて、とびきりおいしいサラダを作ることができるかもしれない。

しかし、ポテトサラダをあきらめて、ジャガイモを持たない自分を受け入れなければ、どんなサラダも作ることができないのだ。

「あきらめる」ことは、「明らめる」でもある。

つまりは、「明らかにする」ということだ。

## 自分のパーツは箱を開けてみなければわからない

たとえば、私たちの人生がレゴのようなブロックで何か作り上げるようなものだとしよう。消防車を作りたいのに、赤いパーツが足りないかもしれない。

そんなとき、赤いパーツをたくさん持っている人をうらやんでもしょうがない。持っているパーツで消防車を作るしかないのだ。

もしかしたら、他の人よりもたくさんの青いパーツを持っているかもしれない。

それなら、別に青いパーツで消防車を作ってみるのも悪くはない。

あるいは、青いパーツをたくさん持っているのであれば、広々とした海の風景や、南の島の楽園を作ることができるかもしれない。

大切なことは、あなたがどのようなパーツを持っているのか、手持ちのパーツを「明らかにする」ことだ。

そのためには、たくさんの経験をしなければ、ならない。

色々なものを作ってみなければ、どんなパーツを持っているか明らかにならないからだ。

大きい消防車を作る前に、小さな消火器を作ってみれば、どうも赤いパーツが他の色より少なそうだと気がつくかもしれない。

あるいは、さまざまなものを作っているうちに、どうも自分は青いパーツを豊富に持っているとわかるかもしれない。

そして、もう一つ、大切なことがある。

それは、遺伝子は環境によって、スイッチがオンになったり、オフになったりするということだ。

たとえば、それはまだ開けられていない箱に入っているパーツがたくさんあるようなものだ。

箱の中のパーツは開けてみなければわからないように、遺伝子のスイッチもオンになってみなければわからない。

消防車を作ろうと試行錯誤をしていると、箱が開いてたくさんの赤いパーツが現れるかもしれない。青いパーツをたくさん持っていると思ったら、本当は黄色いパーツをたくさん持っているかもしれない。

あなたは、すでに十分なパーツを持っている。

「何でも作ることができる」というわけではないけれど、きっと「何かを作ることができる」。それも、他の人にはできない「あなただけの何か」を作ることができるのだ。

しかし、残念ながら、私たちは、自分が持っているパーツを知らない。しかも、それが箱の中に入っていると言われればなおさらだ。

自分のパーツを明らかにするために、必要なことは何だろう。

それは、レゴでいえば、色々なものを作ってみることしかない。

作ってみなければわからないのだ。

だから、私たちは色々なことを勉強する。そして、色々なことにチャレンジをする。

そして、自分たちが何者であるかを探し続けるのである。

## 才能は自分の手柄じゃない

私は、努力は嫌いである。

きっと「努力が嫌い」という遺伝子を持ち合わせているのだ。

努力が嫌いだから、何もかもうまくいかない。

しかし、私が悪いわけではない。

それもこれも、遺伝子のせいだ！

もっとも、こんな私でも「がんばってるね」と褒められたこともある。たとえば、幼稚園生の頃には、「たくさん本を読んでえらいね」と幼稚園の先生に褒められていた。ただ、私にしてみれば、けっして努力をしていたわけではない。楽しいから読んでいただけだ。ただ、だから、先生に「えらいね」と褒められても、自分の中では、大してうれしくもなかったし、褒められたから「もっと本を読もう」とも思わなかった。ただ、好きだから読んでいただけだ。

小学生のときは、先生が推薦した本を全部読むという宿題が出た。まわりの友だちは、かなり苦労をしていたらしく、宿題ができずに先生に怒られていた。しかし、私に言わせれば、彼らは頑張って読もうとしていた。努力していたのである。

一方、私にとって本を読むことは楽しいことだ。だから、何冊読むのも何の努力もいらない。ただ面白いから読んでいただけだ。

苦手なことがある一方で、誰にも好きなことや得意なことがある。

どんなに努力をしても他人に敵わないことがある一方で、努力しなくても他人よりもできてしまうことがある。

これも遺伝子のなせる業なのだろう。

＊

私についていえば、けっして文章を書くことは好きではなかった。今の私は一五〇冊以上もの本を書いているので、「文章を書くのがお好きなんですね」と言われるが、とんでもない。今でもただ、締切に追われて書いているだけの話だ。

もっとも、子どものときから文章を書くことは好きではなかったが、得意ではあったかもしれない。

夏休みの読書感想文の宿題は、嫌いな宿題だったので、いつも後回しで、夏休みが終わるギリギリにやっていた。本を読むのは好きだったが、夏休みの宿題に出される課題図書は、見るからに面白そうではないものばかりだったからだ。

夏休みの最後の一日でやっと取りかかるが、本を読む時間も気力もないから、本の帯に書かれた文章とあとがきだけ読んで、テキトーに感想文を出した。

もう時効だから告白するが、こうして提出した読書感想文が、どういうわけか入賞してしまった。

誰よりも努力していないはずなのに、全校生徒の前で校長先生から表彰状をもらって、担任の先生からもとても褒められた。

（そんなことより、放課後、毎日残って、できないさかあがりを頑張っていたことを褒めてもらいたかったよ）

読書感想文について言えば、私は何の努力もしていない。

褒められたのは私ではない。簡単に読書感想文を書くことができる私の遺伝子である。

私の手柄ではないのだ。

私がさかあがりができないのも祖先から受け継いだ迷惑な遺伝子のせいだが、感想文を表彰されたのも祖先から受け継いだ遺伝子のおかげだ。

苦手なことも遺伝子のせいだが、得意なことも遺伝子のおかげなのである。

## 持ち合わせた遺伝子を愛するということ

「瓜《うり》の蔓《つる》に茄子《なすび》はならぬ」という言葉がある。

「ウリのつるにナスの実がなることがないように、平凡な親から優秀な子が生まれることはない。平凡な親からは平凡な子しか生まれない」という意味である。

江戸時代、促成栽培のナスは高級な野菜の代表だった。寒さに弱いナスはビニールハウスのない昔は夏以外には育てるのが難しかったのである。一方、ウリは簡単に栽培できる平凡な野菜だった。

ウリの実がなるか、ナスの実がなるかは、タネのときから決まっている。ウリは生まれる前からウリである。どんなに頑張ってもナスになれるわけではない。

ウリならウリで良いではないか。もし、自分がウリなのであれば、ウリとして立派な実を実らせればいい。

そもそも、ナスが高級でウリが平凡なんて、誰が決めたのだ。

現代ではナスは一袋いくらで安売りをしている。一方、ウリの中には高級メロンとして、一玉、一万円にもなるようなウリだってある。

ウリはつる性の植物だから、地面の上を這《は》うだけだ。ナスのように自分で立って上へ伸びることは、どんなに努力してもできない。しかし、何も上に伸びる必要はない。横へ横へとつるを伸ばせば良いだけの話だ。どうしても、上を目指したければ、巻き付く支柱さえ見つければ、ナスより高いところまで伸びることもできるだろう。

なれないナスを目指すよりも、ウリとして最高の伸び方をすれば良いのだ。

＊

アンデルセン童話には「みにくいアヒルの子」というお話がある。

アヒルのヒナたちの中に、一羽だけ見た目の違うヒナが混じっていた。他のヒナたちは白い色をしているのに、そのヒナだけは灰色の羽をしていたのだ。

みんなは、「きたない灰色の毛だ」「なんてみにくい子だ」「こんなアヒルは見たことがない」と口々に言う。しかし、灰色のヒナは成長し、自分が美しいハクチョウだったことを知るのである。

みにくいアヒルの子は、最後にはハクチョウたちの群れに迎え入れられる。

もし、このヒナがアヒルになりたいと思い続けていたら、美しいハクチョウになった後も悩み苦しんだことだろう。

私たちは、自分たちがこの世に誕生した瞬間から、自分の遺伝子しか持ち得ない。

私たちが気に入ろうと、気に入るまいと、自分の持っている遺伝子は変わらない。

それは、それで良いではないか。

持ち合わせた自分の遺伝子を愛し、自分の遺伝子を大切にしよう。

## 努力をしなければならない本当の理由

遺伝子には逆らえない。

努力したって無駄なことだ。


それでは、何もしなくても良いのだろうか。

そうではない。遺伝子は自分の持つ武器である。

たとえば、あなたが武器としてカナヅチを持っているとすれば、誰よりも早くクギを打つことができる。

たとえば、あなたが武器として包丁を持っているとすれば、誰よりも早く野菜を刻むことができる。

自分の武器のパフォーマンスを最大限に発揮することを考える。

そしてカナヅチを持っているのであれば、クギを打つことに努力をする。

包丁を持っているのであれば、材料を切ることに努力する。

遺伝子には逆らえない。

しかし、あなたの遺伝子の能力を最大限に生かすために、努力をするのだ。


自分の武器が何かわからないって？


それはそうだろう。

だから、私たちはさまざまなことにチャレンジする必要がある。

クギを打ってみたり、野菜を切ってみたりする。色々なことをやっているうちに、自分の遺伝子の持つ能力がわかってくるのだ。

学校で、さまざまなことを勉強したり、さまざまなことを体験したりするのも、きっとそのためだ。

好きなことも、嫌いなこともある。得意なことも、不得意なこともある。

全部できる必要はない。自分の遺伝子が得意なことを探すために、私たちはさまざまなことを勉強しているのである。

＊

生まれたときから、持って生まれた遺伝子は決まっている。
持っている遺伝子は持っている。持っていない遺伝子は持っていない。
できることは、できる。できないことは、できない。
得意なことは得意。苦手なことは苦手。
これが遺伝子である。
何と明確なことだろう。
何かそれで、困ることはありますか？

# 第4章　なぜ生命は死ぬのか？

## 遺伝子の壮大な挑戦

いったい何があったのか、いったいどういうわけか、今となってはまるでわからないが、四〇億年前に誕生した生命は、「永遠にあり続けたい」と思ったらしい。

しかし、である。

これはなかなかの問題である。

何か大切なものを永遠に残したいと思ったら、どうしたら、永遠に残すことができるだろう。

たとえば、思い出を残す方法に「写真」がある。しかし、プリントした写真は色あせてしまう。

効果的な方法は、データで保存する方法だ。

現在であれば、USBメモリやハードディスクなどの記憶媒体に残すという方法もあるだろう。

しかし、記憶媒体は永遠だろうか。

かつて、CDやDVDなどのメディアが登場したとき、CDやDVDは永遠だと言われた。しかし、今ではＣＤに録音された音楽は平気で聴けなくなるし、ＤＶＤに保存しておいたデータも平気で消えてしまう。

それは、そうだろう。

ＣＤやＤＶＤは物である。「形あるものはいつか壊れる」と言われる。ＣＤやＤＶＤの中のデータは長持ちするが、ＣＤやＤＶＤそのものが劣化してしまう。どんなに永遠だと言われても、何億年も何十億年も、現在のままということはあり得ない。やはり「形あるものはいつか壊れる」のだ。

それでは、どうすれば良いだろう。

データの媒体が古びてしまうのであれば、データをコピーしていくことが大切だ。それでは、どのような情報を残せば、永遠であり続けることができるだろうか。

＊

「どんなデータを残せば、永遠であり続けられるだろうか？」

これは難問である。

生物の正解はこうだ。

「データを残すメディアの設計図」を作れば良い。たとえば、ＵＳＢメモリは古くなってしまう。しかし、ＵＳＢメモリの作り方のデータをコピーしていく。そして、そのデータを基に、新しいＵＳＢメモリを作る。そして、こうしてデータをコピーしながら、データを保存する媒体も新しく更新していく。これを繰り返せば、永遠であり続けることができるのではないだろうか。

　これは優れたアイデアである。

　こうして、生物はＤＮＡというデータの中に記憶媒体の設計図を残した。このデータをコピーしながら、ＤＮＡの容《い》れ物を更新していく。このＤＮＡの容れ物が細胞であり、私たちの体である。

　こうして、生命は情報をコピーしながら、情報を伝えてきた。


　何のために……。


　そんなことわからない。

　しかし、何のためかわからないが、生命は永遠であり続けようとしている。

そのために、私たちは生きて死ぬ。

この壮大な生命のチャレンジに対して、私たちにできることは、ただ、それだけなのだ。

## ダーウィンが解けなかった謎

遺伝子は、私たちの体の設計図である。

私たちはずっと、そう信じてきた。

ところが、最近では、こんな言葉が言われるようになってきている。

「生物は遺伝子の〝乗り物〟に過ぎない」

これは、生物学者のクリントン・リチャード・ドーキンスが彼の著書『利己的な遺伝子』の中で主張したことだ。

この本に対する反響はすごかった。

何しろ、遺伝子は生物の体の設計図に過ぎず、生命の本質は体の方だと思っていたのに、じつは、生命の主役は「遺伝子」で、私たちが本体だと思っていた私たちの体は、遺伝子を乗せている乗り物に過ぎないと指摘したのだ。

親から子へ、子から孫へと、遺伝子は受け継がれていく。それは、まるで私たちが電車やバスを乗り継いでいくように、遺伝子が乗り物を乗り換えているだけなのだというのである。

そんなバカなことがあるだろうか！

もっとも考えてみれば、私たちは遺伝子の情報を保存しておくＵＳＢメモリに過ぎない。そうだとすれば、確かに私たちの体は情報を入れておくだけの、容れ物や乗り物に過ぎないと考えることもできる。

しかし、やはり遺伝子は私たちの体を構成している情報に過ぎないし、私たちの体は私たち自身が支配しているものである。

どうして、「生物の体が遺伝子の乗り物に過ぎない」などと言い切ることができるのだろうか。

これを説明するのが、彼の著書のタイトルでもある「利己的な遺伝子」という考え方である。

＊

生物の世界では、ときどき私たちの理解では、説明が難しい現象が観察される。

たとえば、アリの世界もそうだ。

アリの世界は、一匹の女王アリがいて、たくさんの働きアリたちが集団のために働いている。この働きアリは、すべてメスのアリであることが知られている。

彼女たちは卵巣を持つが、卵を産むことはなく、女王アリに奉仕し、仲間のために生涯を働き続けるのである。こうして、自らを犠牲にして、集団のために生涯を捧げるのだ。

働きアリは、何と、けなげな生き物なのだろう。

生物にとって、もっとも大切なことは子孫を残すことである。こうして、自分の遺伝子を残すことが生物にとって成功なのだ。

それなのに、なぜこんな利他的な行動ができるのだろう。

この謎は、進化論を唱えたチャールズ・ダーウィンを大いに悩ませた。


チャールズ・ダーウィンの進化論はこうだ。

生物の世界では、激しい生存競争が繰り広げられていて、生き残ったものだけが遺伝子を残していく。

たとえば、「少し首の長い」という特徴を示すような遺伝子を持つキリンが、高いところの木の葉を有利に食べて生き残れば、首が長いという遺伝子が受け継がれる。その子どもの中から、さらに「もう少し首が長い」という特徴の遺伝子が現れれば、それが有利に働いて、もう少し首が長いキリンが生き残る。

長い時間を掛けて、これが繰り返されることによって、首の長いキリンが進化を遂げる。これが、ダーウィンの「自然選択」説である。

つまり、生存競争というのは、生き残って、自分の子孫を少しでもたくさん残していくという競争なのだ。

それなのに、働きアリたちは、自らの遺伝子を残そうとしない。それどころか、自分ではない女王アリのために働き続ける。

これはどうしてなのだろう?

これが、ダーウィンをして解けなかった謎である。

## なぜアリは自らの遺伝子を残そうとしないのか？

この謎は、現在では、解き明かされている。

イギリスの進化生物学者であるウィリアム・ハミルトンは、自然選択は、個体レベルではなく遺伝子レベルで起きると指摘した。

つまり首の長いキリンが選ばれたのではなく、首が長くなる遺伝子が生き残った。自然選択の結果選ばれたのは、首の長いキリンではなく、「首が長くなる遺伝子」だ、と主張したのである。

首の長いキリンでも、首が長くなる遺伝子でも、言い方が違うだけで、どちらも似たようなものに思えるが、じつは、遺伝子で考えると、解けなかった働きアリの謎が説明できてしまうのだ。

どういうことなのだろう。

人間の場合、父親と母親の遺伝子が子どもに受け継がれるから、子どもの遺伝子は、親からそれぞれ半分ずつの遺伝子を引き継いでいる。

私たち人間は、染色体を二つ一組で持っている。このうちの一組を子どもに受け継ぐのである。

ところが、アリの遺伝子は少し複雑である。

何だか説明するのもややこしいから、ややこしいのが嫌な遺伝子を持つ人は、思い切って128ページまで読み飛ばしてしまおう。

＊

じつは、メスのアリは遺伝子を人間と同じように二つ一組で持っているが、オスのアリは半分の、一つしか持っていない。

このメスとオスから生まれたアリは、メスからは二つ一組のどちらか一つを受け継ぐ。つまり、メスの持つ遺伝子の五〇パーセントを受け継ぐことになる。ところが、オスのアリは一つしか持っていないから、選ぶ余地なく、その一つを子どもに受け継ぐ。そのため、オスのアリからは一〇〇パーセントを丸々受け継ぐことになるのだ。

女王アリにしてみれば、自分が産んだ子どもは自分と父親の遺伝子を受け継ぐから、自分の遺伝子を五〇パーセント持っていることになる。人間の親子の関係と同じだ。

ところが、姉妹の場合を計算すると人間と異なってくる。

計算してみると、人間の場合は、兄弟姉妹であっても、自分と同じ遺伝子を持っている可能性は五〇パーセントである。

それでは、アリはどうだろう。アリの遺伝子は少し複雑である。

アリは母親である女王アリからは五〇パーセントの確率でどちらかの遺伝子を引き継ぐ。これはランダムに起こるから、姉妹の場合、同じ遺伝子を持っているかどうかは平均すると五〇パーセントになる。このように、自分の遺伝子とどれくらい共通しているかを示す数字は「血縁度」と呼ばれている。

しかし、父親の遺伝子は一つしかないから、すべての姉妹で共通している。つまり姉妹で遺伝子が同じ確率は一〇〇パーセントだ。

そのため、姉妹で母親由来の遺伝子が同じ確率が五〇パーセントで、父親由来の遺伝子が同じ確率が一〇〇パーセントなので、足して二で割ると、姉妹の血縁度は七五パーセントにもなる。

つまり、親子の関係よりも、姉妹の関係の方が、同じ遺伝子を持っている確率が高くなってしまうのだ！

## 働きアリが女王アリを利用している

（読み飛ばした方はここから合流してください）

このように、アリの場合は、親子の関係よりも、姉妹の関係の方が多くの割合で自分と同じ遺伝子を持っていることになる。

それでは、自分の遺伝子を残すためには、どのようにすれば得か、考えてみよう。

仮に自分の子どもを残したとしても、それは五〇パーセントの遺伝子しか残せないことになる。ところが、姉妹は七五パーセントの遺伝子を持っている。そうだとすれば、自分の子どもを増やすよりも、姉妹を増やした方が、自分の遺伝子が増えたことになる。

姉妹を増やすには、どうしたら、良いだろう。

それは、女王アリにたくさんの卵を産ませるしかない。そのため、働きアリたちは、かいがいしく女王アリの世話をする。すべては自分たちの遺伝子を増やすためだ。

女王アリにしてみれば、自分の産んだ子どもは五〇パーセントの遺伝子しか持っていない。七五パーセントの遺伝子を増やしている働きアリの方が、遺伝子を増やす点ではお得なのだ。

つまり、女王アリが働きアリを利用しているのではない。

「遺伝子」という視点で見れば、間違いなく、働きアリが女王アリを利用しているのである。

やがて、働きアリたちは、自分たちの姉妹の中から新しい女王を選び、育て上げる。

女王アリは、働きアリたちによって作り出されているのだ。

すべては働きアリのたくらみ。

(いや、違う……)

私は気がつくことがあった。

働きアリが操っているのではない。

遺伝子が操っているのだ。

＊

「私たちの体は、遺伝子の〝乗り物〟に過ぎない」

そう言われて、ガッカリする方がいるかもしれないが、私にとっては、何とも痛快な考え方である。

だって、そうだろう。

美人もイケメンも、みんな遺伝子の乗り物に過ぎないのだ。

私のような短足ぽっちゃりな人間と同じ、遺伝子の乗り物に過ぎないのだ。

未来に伝えられていくのは遺伝子である。遺伝子は自らのコピーを未来に残すために、生物の体を利用している。遺伝子は未来への旅人である。そして、遺伝子は乗り物を乗り継ぎながら、未来へとコピーをつないでいく。

遺伝子は未来に向かうために、より快適な乗り物を作り上げていく。

今、存在している生物は、遺伝子たちの乗り物として「選ばれし物」ばかりなのだ。

そして、私のような短足ぽっちゃりな人間も、遺伝子の乗り物として存在している。

ということは、私のような存在も、遺伝子から見れば、十分に乗り物として優れているということなのだ。

誰に認められなくてもいい。

私は自分のことをポンコツだと思っていたけれど、私の遺伝子にとってみれば、お気に入りのカッコいい乗り物なのだ。

## 単細胞生物の意外な弱点

生物は子どもを残したいわけではない。遺伝子を受け継いでいくだけである。

しかし、そうだとすれば、疑問が残る。

どうして、多くの生物はオスとメスによって子どもを作るのだろう。

オスとメスで子どもを作れば、子どもに受け継がれる自分の遺伝子は半分になってしまう。

それよりも、自分だけで子孫を残せば、効率良く遺伝子を残せるのではないだろうか。

実際に、単細胞生物は、みんな細胞を分裂するだけで増えていく。

植物だって、そうだ。種子で殖えるのではなく、球根やイモで殖えるようなものもある。

そうすれば、一〇〇パーセント、自分の遺伝子を残せるのではないだろうか。


（あっ！）

私はジャガイモの話を思い出した。

(そうだ、それでは多様性が生まれなくなってしまう……)

*

四〇億年の生命の歴史をたどると、そこには大きな環境の変化があった。

そして、生命は想定外の環境の変化を乗り越えるために、多様性を生み出し続けてきたのである。

単純な単細胞生物は、細胞分裂を繰り返しながら、突然変異を起こしていく。

そこには、オスとメスの区別もなければ、死の概念もない。

一個の細胞が二つに分かれるということは、元の細胞が死んで、新しい細胞が生まれたのだろうか。

そうではなく、元の細胞が増殖したと見る方が自然だろう。

それでは、次のゾウリムシの例は、どうだろう。

ゾウリムシは単細胞生物なので、ふだんは細胞分裂をして増えていく。

しかし、それでは、自分のコピーしか作れない。

そこで、ゾウリムシは、二つの個体が出会うと、お互いに体を密着させて、遺伝子を交換する。こうして、遺伝子を変化させるのである。

自分の遺伝子が突然変異を起こすだけであれば、変化の幅は小さい。

しかし、まったく違う遺伝子を持っている個体と遺伝子を交換すれば、劇的に変化することができる。

ゾウリムシは二つの個体が遺伝子を交換して、まったく新しいゾウリムシとなる。

これは単なる細胞分裂とは違う。古いゾウリムシがなくなり、新しいゾウリムシが誕生したように見える。つまり、古いゾウリムシに死が訪れたようにも見えるのだ。

＊

環境の変化が大きければ、生物もまた大きく変化することが求められる。

そこで、生物は他の個体と遺伝子を交換するという方法を選択したのだ。

自分にないものを求めて、せっかく手間を掛けて遺伝子を交換するのであれば、自分と同じような相手と遺伝子を交換するのでは意味がない。

そこで、生物はグループを作り、異なるグループどうしで交わる方法を見出した。それが、オスとメスという二つのグループである。

確かにオスとメスが交わって子孫を残せば、自分の遺伝子は半分しか残すことができない。しかし、自分の遺伝子を一〇〇パーセント伝えたコピーが、環境の変化を乗り越えることができなければ、全滅してしまう。

それよりも、さまざまな子孫がいれば、どれかは自分の遺伝子を伝えてくれるだろう。

こうして、生命は自分の遺伝子を一〇〇パーセント残すことよりも、多様性を生み出すことを優先したのだ。

自分の遺伝子を半分しか引き継がない子孫だとしても、まったく残せないことと比べれば、はるかに得があるのだ。

## オスはなぜ子どもを産まないのか

生命は、遺伝子を効率良く交換するために、オスとメスという仕組みを作り出した。

しかし、疑問は残る。

そうだとすれば、なぜ、オスは子どもを産まないのだろう。オスとメスが遺伝子を交換して、どちらも子どもを産めば、生まれる子どもの数は二倍になる。どうして、オスは子どもを産まないのだろう。

生物に雌雄という性が作られたとき、最初からオスの個体とメスの個体とが作られたわけではない。もともと生物に作られたのは、生殖細胞としてのオスの配偶子とメスの配偶子である。オスの配偶子は、一般には「精子」と呼ばれ、メスの配偶子は一般には「卵子」と呼ばれている。

オスの配偶子とメスの配偶子を組み合わせて、効率良く遺伝子を混ぜ合わせ、新しい性質を持つ子孫を作る。これが、生物の進化の過程で作られたシステムである。

生きていく上では、配偶子は大きい方が栄養分を豊富に持つことができるから、生存に有利である。そのため、大きい配偶子は人気がある。大きい配偶子とペアになることができれば生存できる可能性が高まるからだ。

もっとも、大きければ大きいほど良いというわけではない。配偶子が大きくなると、移動しにくくなってしまうのだ。遺伝子を交換して、子孫を残すためには、配偶子同士が出会わなければならないから、これでは都合が悪い。

しかし、人気のある大きな配偶子は、他の配偶子の方から寄ってくるから、そんなに動く必要はない。こうして、大きな配偶子は動かなくてもペアを作ることができる。

それでは、大きさに劣る配偶子はどうすれば良いだろうか。ただ、待っているだけでは、人気のない配偶子はペアになれない可能性が高い。

そうだとすれば、自らが動いて、他の配偶子のところに行かなければならなくなる。移動するためには、大きな体よりも小さな体の方が有利だ。そこで、一方の配偶子は逆に体を小さくして移動能力を高めた。

こうして大きな配偶子は、より大きくなっていくし、小さな配偶子は、より小さくなっていく。こうして体の大きいメスの配偶子と体の小さいオスの配偶子が生まれたのだ。

オスの配偶子が、体を小さくすると、生存率は低くなってしまう。しかし、それでもオスの配偶子は、メスの配偶子のもとに移動するということを優先したのだ。そして、オスの配偶子は、メスの配偶子のために遺伝子を運ぶだけの存在となったのである。

こうして、遺伝子を運ぶだけのオスの配偶子と、遺伝子を受け取って子孫を残すメスの配偶子という役割分担ができたのである。

＊

生物は、効率良く遺伝子を交換するために、オスとメスという二つのグループを作った。もっともこれは、オスの配偶子とメスの配偶子という話である。

それでは、どうして、オスの配偶子のみを持つオスの個体とメスの配偶子のみを持つメスの個体があるのだろう。

一つの個体が、オスの配偶子とメスの配偶子を持てば、すべての個体が子孫を産むことができる。オスの配偶子しか持たずに、子孫を残さないオスという存在は、かなり無駄な存在だ。

実際には、カタツムリやミミズのように、一つの個体がオスの配偶子とメスの配偶子の両方を持っている例もある。そういえば、植物は一つの花の中に雄しべと雌しべがあるものが多い。つまり、オスの配偶子である花粉と、メスの配偶子である胚珠《はいしゅ》（タネの素）をあわせ持っているのだ。

生物にとって大切なことは、子孫に遺伝子を残すことである。そうであるとすれば、オスの個体とメスの個体を分けることに、それほどのこだわりはないのだ。

しかし、多くの生物はオスの個体とメスの個体が分かれている。

それは、オスの配偶子のみを作る「オス」とメスの配偶子のみを作る「メス」という役割分担をした方が、より効率的にたくさんの子孫を残すことができるようになるということだったのだろう。

そのため、子孫を産むことのない「オス」という特別な存在が誕生したのである。

オスとメスという「性」は、生物の進化が作り出した偉大な発明である。

そして、生命は、もう一つ偉大な発明を行った。

それが「死」である。

## 命にはなぜ限りがあるのか

「死」は、四〇億年に及ぶ生命の歴史の中で、もっとも偉大な発明の一つである。

一つの命がコピーをして増えていくだけであれば、環境の変化に対応することができない。さらには、コピーミスによる劣化も起こる。

そこで、生物はコピーをするのではなく、一度、壊して、新しく作り直すという方法を選ぶのである。しかし、何もかも壊してしまえば、元に戻すことは大変である。そこで生命は二つの遺伝情報を合わせて、まったく新しいものを作り出すという方法を作り出した。遺伝子を交換することで新しいものを作り出す。そして、新しいものができたのだから、古いものをなくしていく。それが「死」である。

「形あるものは、いつかは滅びる」と言われるように、この世に永遠にあり続けることのできるものはない。

そこで、生命は永遠であり続けるために、自らを壊し、新しく作り直すことを考えた。つまり、生命は変化し続けることで永遠であり続けようとしたのである。

変化し続けるために、生命は「死」を作り出した。

新しい命を宿し、子孫を残せば、命のバトンを渡して古い命は消えてゆく。

この「死」の発明によって、生命は世代を超えて命のリレーをつなぎながら、永遠であり続けることが可能になったのである。

永遠であり続けるために、生命は「限りある命」を作り出したのである。

＊

永遠であり続けるために、生命は限りある命を手に入れた。
私たちはその「限りある命」を持つ者だ。
限りある命が永遠につながっていく。限りある命を持つ者たちが、永遠であり続ける。
私たちは、そんな永遠の命を授かった者たちなのだ。
何と、すばらしいことなのだろう。
たとえ遺伝子に利用されているとしても、もう、そんなことはどうだっていい。
私たちは永遠をつなぐつながりの一部分である。そのために、生きて死ぬのだ。

# 第5章　遺伝子四〇億年の旅

## 役に立たない私にも意味はある

不注意で足の小指をぶつけてしまった。

文章にすると大した事件ではないのだが、そのとき私はあまりの痛さに座り込んでしまった。しかも、大したことではない割には、しっかり痛みがあって、小指をぶつけた自分が腹立たしい。

私が、不注意が多いのも、遺伝子のなせる業だろうか。

いや、そもそも、こんなところに小指があるのが悪いのだ。

何でも人間の脳は、足の小指の位置をしっかりと認識できていないらしい。そのため、足の小指はぶつけやすいのだと言う。

こんなぶつけやすいところに、指があるのがいけないのだ。まったく足の小指は腹立たしい存在である。

そもそも、どうして小指などあるのだろう？

私の足の小指は丸まった芋虫のような姿で、指というにはあまりに情けない存在だ。

しかも、いっぱしに爪までついている。

何の役にも立たないような気もするが、調べてみると足の小指がないと、うまく歩けないらしい。何でも足の小指は、歩くときに、足への衝撃を吸収したり、体のバランスを整える役割を持つと言う。

また、足の指の小さな爪にも役割があるらしい。

足の爪があることで、つま先に力が入るような仕組みになっていると言うのだ。そういえば、以前に足の指の爪がはがれてしまったとき、足に力が入らずに歩くことが大変だったことがある。

役に立たないように見えるものでも、ちゃんと役に立っているのだ。

ということは……役に立たないように見える私も、どこかでは役に立っているのだろうか?

## 伸びる爪のすごい仕組み

それにしても、人間の体というのは、よくできているものだ。

五本指に分かれた私の足も、よく見るとなかなかデザインされた形に見える。

私たちの体の設計図となるのが「遺伝子」と呼ばれるものである。

遺伝子には、私たちの体を作るための、ありとあらゆる情報が書かれている。

私たちの体を構成するすべての細胞は、すべての遺伝子を持っている。そして、時と場合に応じて、その遺伝子を発現させる。そして、ある細胞は指を構成し、ある細胞は爪を構成したりするのだ。

驚くことに、爪も細胞でできている。

もっとも、爪は爪切りで切っても、痛くもないし、血も出ない。

じつは、爪は死んだ細胞なのだ。

足の指の爪は見にくいので、手の指を見てみることにしよう。

指の爪をよく見ると、何色かに分かれている。そして、爪の根元には半月と呼ばれる少し白っぽい場所がある。そして、半月の先には爪の甲があって、爪の先には爪先と呼ばれる少し色の違う部分がある。この爪先が爪切りで切り落とす部分である。

爪先は、少しずつ伸びていく。

爪先だけが伸びていくように見えるが、実際には、根元の半月からだんだんと伸びていって、最後は爪先になって切られていく。根元からどんどん押し上げられていくのだ。

爪は死んだ細胞である。

それにしても、死んでいる細胞が、どうして毎日、伸びていくのだろう。

じつは、爪の根元には爪母《そうぼ》細胞と呼ばれる生きた細胞がある。この細胞が分裂をしながら、爪を作り上げていくのだ。

細胞の中には、核と呼ばれる遺伝情報が入った器官がある。この核がコピーをしながら、細胞は分裂を繰り返していくのだ。

ところが、爪母細胞から分裂した新しい細胞は、やがて、この核を失ってしまう。こうして、核を失って死んだ細胞が作られるのである。

爪の根元では、細胞分裂が繰り返され、死んでしまった細胞は先へ先へと押し出される。

こうして爪は伸びていくのだ。やがて空気に触れると爪の細胞は硬くなっていく。

こうして、根元から先端までおよそ四〜五カ月を掛けて、爪の細胞は移動していくという。そして、ついには、爪切りで切り落とされるのだ。

細胞分裂を繰り返すことも、新しく生まれた細胞が核を失って死んでしまうことも、すべては遺伝子に記されたプログラムだ。

人間の体は、数十兆個の細胞でできていると言われている。

これらの細胞は、元をたどればたった一個の細胞に行き着くことができる。

何しろ、私たちは母親の胎内で命を宿したときに、「受精卵」という、たった一個の細胞だった。その細胞が細胞分裂を繰り返して、すべての体の器官が作られている。

それにしても、私たちの体はよくできている。

こんな精巧な体を作るための情報が、すべて遺伝子の中に記されているというのは、本当に不思議なことだ。

## DNA・遺伝子・染色体・ゲノム

遺伝子は体の設計図と言われる。

目が二つあることも、爪が伸びることも、すべて体の設計図である遺伝子に記されている。

それでは、どのようにして、体は作られるのだろうか。

理科の教科書に書かれていたことを思い出してみよう。


よく耳にする言葉に、「遺伝子」「DNA」「染色体」がある。

誰でも知っている言葉だが、その違いをややこしく感じる人もいるかもしれない。


まず、遺伝子の本体となる物質がDNAである。

DNAと聞くと二重らせん構造を思い浮かべる人も多いだろう。そうDNAは、らせん構造を持つ物質である。このDNAには、四種類の塩基が並んでいる。この並び方によって、さまざまな遺伝暗号が記されているのである。

つまり、この塩基配列は文字が並んでいるようなものだ。

たとえば、次のように文字が並んでいたとする。

ぱこたざりつわたしりんごきらいたぽりかやぴ

この文字の並びの中には意味のない部分と意味がある部分がある。

たとえば、この文字の並びの中には、「わたしりんごきらい」という意味を持つ部分がある。ＤＮＡの塩基配列にも意味のない部分と意味がある部分がある。この意味がある情報のまとまりが、一般的に「遺伝子」と呼ばれているものだ。

つまり、ＤＮＡは文字が並んだ「本」にたとえることができる。

この本に書かれた文字が、ＤＮＡを構成する塩基である。

その中に情報を持った文字の配列がある。つまり、遺伝子は情報を持った「文章」のことである。

よく「新しい遺伝子が発見された」という言い方をする。これは、本に書かれたたくさんの文字の中から、意味のある文章を見つけ出し、その文章を読み取ったということなのだ。

すべての細胞は、このすべての遺伝情報を持っている。

**遺伝子関連の用語を書物にたとえると……**

| | | |
|---|---|---|
| 遺伝子 | 体の設計図。意味のある情報のまとまり → | 文章 |
| DNA | 遺伝子の本体。意味のない情報も含まれる → | 本 |
| 染色体 | DNA がまとめられたもの → | 本棚 |
| ゲノム | 体をつくるために必要な遺伝子のすべて → | 図書館 |

＊

ついでに、染色体についても説明してしまおう。

ＤＮＡは文字が並んだ本にたとえることができるが、本のようにまとまってはいない。ＤＮＡは二重らせん構造が長くつながっている。人間の場合、このＤＮＡの長さをすべてつなげると約二メートルになると言われている。

ＤＮＡは細胞の核の中に収められている。細胞は小さな小さな存在で、その中にある核は、さらに小さな存在だ。この小さな核の中に収めなければならないから、ＤＮＡは、ヒストンというたんぱく質に巻き付けてまとめられている。毛糸を巻いて毛糸玉にするようなものだ。

こうして、巻き付いてまとめられたものが「染色体」である。人間の場合は四六本の染色体がある。つまり、遺伝情報が書かれたＤＮＡは四六に分けて収納されているということになる。

ＤＮＡが本だとすると、染色体はそれを収納する本棚のようなものだ。

ちなみに、このすべての遺伝情報をゲノムという。DNAを本、染色体を本棚にたとえるのであれば、ゲノムは「すべての情報を含む図書館」といった意味合いだ。

遺伝子の一つ一つには意味があるが、その一つ一つを読み解きながら、人間の体を説明するには、途方もない時間と労力が掛かる。そこで、「人間の体を作るのに必要な遺伝子のすべて」を言い表わすために作られたのが、「ゲノム」という言葉だ。

すべての細胞は、すべてのゲノム情報を持っている。

しかし、用いるのはそのごく一部の情報だ。

すべての細胞は、図書館のようにたくさんの本を持っている。しかし、その中のごく一部の情報を読み取って、ある細胞は目の一部となり、ある細胞は爪の一部となる。

こうして、どの情報を読み取るかによって、それぞれの細胞が役割分担をしているのだ。

## たんぱく質の驚きの役割

DNAの塩基配列は、暗号表のように記されている。

この暗号を読み解く役割をしているのが、RNAと呼ばれる物質だ。RNAには、いくつかの種類があるが、このＲＮＡの働きによってＤＮＡに書かれた暗号が読み解かれる。そして、アミノ酸が並べられて、たんぱく質が作られていくのである。

それにしても、不思議である。

遺伝子は体の設計図である。

とはいえ、「たんぱく質を作る」というただそれだけのことで、親にそっくりな顔が作られるものなのだろうか。その上、ハンサムな顔やブサイクな顔が作られるものなのだろうか。

しかも、遺伝子は単に体を作っているだけではない。

運動神経の良し悪しや、性格も遺伝子によって左右されている。

「たんぱく質を作る」という、ただそれだけのことなのに、人間の能力や性格の違いまで、作り出すことができるのだろうか。

**信じられないかもしれないが、それらはすべてたんぱく質の仕業である。**

人間の体の中のたんぱく質というのは、それだけさまざまな機能を持っているということだ。

体を構成するのも、たんぱく質の大切な役割である。どの位置に何を作るかを決めるのは、体を作る大切な役割だ。

つまり、顔のパーツをどこに作るかは、遺伝子によって決められている。

しかし、たんぱく質の機能はそれだけではない。

体の機能を調節するホルモンや酵素、神経伝達物質も、すべてたんぱく質から作られる。

たとえば、あるたんぱく質は細胞の外にある物質をキャッチして、さまざまな物質を運搬する。つまり、たんぱく質は材料でもあり、何かを作り出す道具でもあり、それらを動かす働きでもある。たんぱく質は何でもできる万能の存在である。

まるでレゴのブロックで小さな街が作られていくように、たんぱく質によって、家もビルも、公園の木も、そこで働く人々も、すべてのものが作られ、世界が作られている。

そして、たんぱく質の働きである神経伝達物質の伝達やホルモンの分泌は、私たちの感情にも影響を与える。

こうした、たんぱく質の働きによって、私たちの体も性格も作り出されているのだ。

## 私たちはかつて不老不死だった

そもそも、進化の道をずっと遡れば、私たちの祖先は小さな単細胞生物であった。単細胞生物は、細胞分裂をしながら増えていく。ただ、遺伝子をコピーさせていくだけの存在だ。

単細胞生物は、ただ分裂していくだけの存在である。ただただ分裂を繰り返していく。だから、単細胞生物は死ぬことがない。

一つの細胞が二つに分かれたとき、元の一つの細胞は死んでしまって新しく二つの細胞が生まれたと見ることもできる。

しかし、ただ一つの細胞が二つに分かれただけのことである。単細胞生物は永遠にこれを繰り返していく。もちろん環境の変化や事故で死んでしまうことはあるが、単細胞生物には寿命はない。つまりは、不老不死なのだ。

私たち人間は、ときに不老不死にあこがれるが、何のことはない。もともと不老不死だったのだ。

しかし、私たち人間は老いて死ぬ。

どうして私たちは老いて死ぬのだろうか。

じつは老いて死ぬのは、生命が進化の過程で作り上げたシステムである。

細胞一つだけの単細胞生物から、生物は、細胞が集まった多細胞生物に進化をした。

我々人間も、細胞が集まった多細胞生物だ。

多細胞生物の体は、高度で複雑である。そのため、単純に分裂をすることができない。

そこで、新たな個体を作り出し、元の個体を葬り去るという方法を発明した。

これが死と生である。


しかし、どうだろう。

私たちもまた、細胞分裂を繰り返してきただけと言うこともできる。

私たちは、もともと受精卵という名の、たった一個の単細胞生物だった。

そして、細胞分裂を繰り返して、現在の体を作り上げたのである。

その受精卵も、もともとは、母親の卵子と、父親の精子から作られた。母親の卵子は母親の細胞が分裂してできたものであり、父親の精子は父親の細胞が分裂してできたものだ。

その母親の体も生まれる前は一個の単細胞生物だった。

その単細胞生物は祖母の細胞が分裂してできた卵子がもとになっている。

こうして、たどっていけば、私たちの遺伝子のコピーの旅は、はるか四〇億年前の生命誕生まで遡ることができる。

私たちの細胞もまた、単細胞生物と同じように、四〇億年もの昔から、細胞分裂を繰り返してきただけの存在なのだ。

## 身体は偉大なる遺伝子の歴史

もちろん、単に遺伝子をコピーしてきただけではない。

私たちの遺伝子は、コピーをしながら、突然変異を繰り返し、さまざまな情報を蓄積してきた。そして、単純な体だった単細胞生物は、ついには、私の体のような複雑な体を作り上げるに至ったのだ。

そう考えると私の体は、なかなかすごい。

何と価値のある体なのだろう。まさに敬うべき体だ。

改めて見ると、私の手も、精巧で本当によくできているように思う。

指を曲げようと思うと、思ったとおりに指が曲がる。

この仕組みが遺伝子の情報によって作られているなんて、本当にすごい。


指を持つのは、私たち人間だけではない。

たとえば、イヌもそうである。

もっとも、イヌは前肢が五本指、後ろ肢《あし》が四本指であると言われている。

イヌの前肢は、地面に接する指は四本。一本は、少し離れた場所にある。これは「狼爪《ろうそう》」と呼ばれているらしい。後ろ肢は四本指だが、犬種によっては「狼爪」のあるものがいる。

多くのイヌは、後ろ肢の狼爪が退化して、消失してしまっているのである。

ネコもイヌと同じように、前肢が五本指で、後ろ肢が四本指である。ネコもイヌと同じように、狼爪がある。つまり、もともとは五本指なのだ。

ウマはどうだろう。

ウマの指の先は、ひづめになっている。

ただし、古い時代、ウマの祖先も五本足だったらしい。現在では、二本指が退化して、ウマは三本指である。しかも、そのうちの二本もほとんど退化して、実際には中指にあたる一本の指で体を支えているという。

それでは、クジラはどうだろう。

クジラは海に暮らす哺乳類である。クジラの手は胸びれに進化をしているが、胸びれの骨を見ると、五本ある。

じつはすべての哺乳類は、もともとは五本指である。

哺乳類だけではない。じつは、鳥類もは虫類も両生類も、退化して指の数が少ないものもいるが、元をたどれば五本指だったという。

現在、哺乳類はわかっているだけでおよそ六五〇〇種。鳥類とは虫類は、それぞれ、およそ一万種、両生類はおよそ六五〇〇種が知られている。

それらの生物がすべて、五本指に由来している。

おそらくは、哺乳類や鳥類、は虫類、両生類の共通の祖先が、五本指だったと考えられているのである。

私たち脊椎動物の中で、最初に陸上への進出を果たしたのは両生類の仲間である。

私たち脊椎動物の祖先は魚類に遡ることができる。

魚類のヒレは、水底を歩くための足のように進化し、ついに陸上への進出を果たすことになる。

そして、この偉大なる生物の遺伝子が、私に受け継がれている。

私の手は、受け継がれた遺伝情報によって作られたのだ。

## 生きる意味は細胞たちが教えてくれる

そんなことを色々と考えながら、指の爪の横にあるはがれそうなささくれをいじっていたら、指の先から血が出てきてしまった。

（まぁ、これくらいの出血なら、自然に止まることだろう）

もっとも、このとき私の体の中ではどのようなことが起こっているだろうか？

体の中の仕組みに思いを馳《は》せてみることにしよう。

私たちの体は皮膚という防御壁で守られている。

そこに傷口ができると、体の周辺にいた雑菌が体内に侵入しようとする。

私たちにとっては、小さな傷に過ぎなくても、私たちの体にとっては大事件だ。雑菌たちの侵略から、体を守らなければならないのだ。

このときに活躍するのが、免疫細胞である。

最初に傷口に駆けつけるのは、戦闘部隊の白血球である。

白血球の中の好中球やマクロファージは、体内に侵入した異物を食べて分解していく。

好酸球や好塩基球と呼ばれる白血球は、寄生虫の侵入から身を守るのが役割だ。

こうして、白血球が侵入した異物と戦い続けている間、血小板という血液細胞は、傷口に集まって傷口をふさいでいく。傷口に覆《おお》い被《かぶ》さるように作られるかさぶたは、この血小板の働きによって作られるのである。

しかし、異物を食べるという白血球の働きだけでは、抑えられないこともある。

そんなときは、樹状《じゅじょう》細胞と呼ばれる細胞が、ヘルパーT細胞に敵の情報を伝える。

すると、ヘルパーT細胞は、キラーT細胞やB細胞などの攻撃部隊に司令を出し、異物に対して一斉攻撃を仕掛けるのである。

小さな傷は自然に治ってしまう気がするが、「自然に治る」なんて、とんでもない大間違いだ。

私たちの体は、免疫細胞という細胞たちの働きによって守られているのである。

*

私たちは生命を宿したときに、受精卵という名のたった一個の細胞だった。

その細胞が分裂を繰り返して、手足を作ったり、脳を作ったりしている。

私たちの体を構成するすべての細胞は、細胞分裂によってコピーされた分身である。そして、コピーされた細胞のあるものは脳細胞となり、あるものは目の一部となり、あるものは指の一部となる。

こうして、コピーされたたくさんの細胞たちによって、私たちの体は形作られているのだ。

私たちの身を守っている免疫細胞も、そのうちの一つである。

つまりは、受精卵だった一個の細胞からコピーされた私たちの分身だ。

その免疫細胞たちが、他の細胞を守るために戦い続けてくれている。

こうした免疫細胞たちの活躍によって、私たちは日々、暮らしていくことができるのである。

私たちがどんなに生きる希望を失ったとしても、私たちの免疫細胞たちは、生きるための戦いを続けている。

たとえ、私たちの脳細胞が「死にたい」と思ったとしても、私たちの免疫細胞は、体を守る戦いをやめようとはしない。免疫細胞たちは、最後の最後まで傷口を防ぎ、私たちの生きる尊厳を守り続けようとしている。

免疫細胞だけではない。受精卵が分裂してできた私の分身たちは、呼吸をすることをやめようとしないし、食べ物を消化することをやめようとしないし、体中に血液を送り続けることをやめようとはしない。髪の毛を伸ばし続け、爪を伸ばし続けようとする。私たちの脳細胞があきらめたとしても、その他のすべての細胞たちは、生き続けることをあきらめない。

「生きる」とは、そういうことなのだ。

# 第6章　人生の使命

## 親は選べないけれど

父に不満があったわけではないのだろうが、私の母は、ときどき「他にも結婚相手の候補がいた」とこぼしていた。

もし、その人がお父さんだったら、どうだったのだろう?

今の父より、「やさしいお父さん」だったのだろうか?

(いや、待てよ)

もし私の母が父と結婚していなかったとしたら、私は存在していないことになる。

親ガチャという言葉がある。

「ガチャ」というのは、ソーシャルゲームやカプセルトイの自販機などで、一回まわすと、ランダムに何かが出てくる仕組みのものである。たとえば、カプセルトイなどでは、いくつか種類がある中の一つが出てくるから、自分の欲しいものが出てくるとは限らない。このアタリとハズレがあるドキドキ感が、ガチャの魅力だ。

もっとも、遊びなら良いけれど、それが親だとたまらない。

「親は自分で選べない」、どの家に生まれるかは運次第。それが親ガチャである。

しかし、どうだろう。この世に生まれるというのは、そんな簡単なことではない。

この家に生まれるか、あの家に生まれるかという選択ではない。

この親だから、あなたは生まれたのだ。もし、別の親の組み合わせだったとしたら、あなたは生まれていない。この世に存在することはないのだ。

生まれるか、生まれないかが、本当のアタリとハズレなのだ。

ということは、親が誰であろうと、たとえ自分の家が気にくわなかったとしても、この世に生まれてきたことがアタリなのだ。

＊

もし、私の父親と母親が出会っていなかったら、私はこの世に存在しない。

それは当たり前である。

遡ってみて、明治生まれの私の祖母と祖父は見合い結婚だったらしい。

しかも、結婚式の当日にお互いの顔を初めて見たという。結婚は家どうしが決めるもので、好きとか嫌いとか、好みを言える時代ではなかったのだ。

もし、祖父と祖母とが、別の誰かと見合いをして、結婚していたら、私はこの世に存在しない。

遡ってみて、曽《そう》祖父と曽祖母が出会っていなかったとしても、私は存在しない。

私がこの世に生まれたのは、本当に偶然と偶然の重なりである。

両親が二人、祖父母は四人、曽祖父母は八人……と単純計算していくと、一〇代遡ると、その世代だけで一〇二四人の祖先がいることになる。父母から一〇代前の直系の祖先の数をすべて足すと二〇四六人になる。

二〇代遡ると二〇代前の祖先の数は一〇〇万人を超える。父から二〇代前の祖先を足せば二〇〇万人以上だ。この二〇〇万人が、それぞれ会うべきパートナーと出会わなければ、私は生まれることができない。

＊

もう、これ以上、遡ると大変なことになりそうだが、もっと遡ってみよう。

私の祖先は、どこかのサルだった。私の祖先のオスのサルが、私の祖先のメスのサルと出会っていなかったら、私は存在していない。

もし、人類の祖先が特別な一匹のサルに遡れるとしたら、もし、そのサルのペアがいなければ、人類さえ存在していない。

いや、それだけではない。

私の祖先は両生類であり、上陸を果たした魚類であった。

私の祖先となる両生類や魚類たちが、もし異なるパートナーと子孫を残していたとしたら、私は影も形もない。

「袖振り合うも多生の縁」というが、偶然の出会いと偶然の出会いが繰り返されて、私は生まれた。これは、もうあり得ないほどの奇跡としか言いようがないだろう。

もう、壮大すぎて、頭がおかしくなりそうだ。

### 四〇億年のバトンを持つ私たち

サルや古生代の魚にまでルーツを求めるのは、大袈裟《おおげさ》だろうか。

考えてみれば、私たちの体の中には四〇億年の歴史が詰まっている。

そんなはずはない、と思うかもしれない。

それでは、たどってみることにしよう。

私の体の中には父親から受け継いだ遺伝子と、母親から受け継いだ遺伝子が半分ずつある。

父親の遺伝子や母親の遺伝子は、それぞれの両親、つまりは私の祖父母から受け継いだものだ。

こうして、遺伝子は生命のリレーのバトンのように、ずっと受け継がれてきた。

人間だけではない。人間の祖先はサルであると言われている。

私たちの祖先をたどれば、きっとサルの誰かに行き着く。

*

「私たち人間とサルは、似ても似つかない。サルの遺伝子が私の体に受け継がれているはずはない！」

そう思うかもしれない。

しかし、どうだろう。

人間の祖先はサルの仲間であることに疑いはないが、ある日、突然にサルのお母さんが、人間の赤ちゃんを産んだわけではない。

親子はよく似ている。しかし、少しずつ少しずつ変わっていって、やがて「人間」と呼ばれるような生物が誕生した。一つの世代を切り取れば、「お母さんが赤ちゃんを産む」ことが繰り返されただけである。

そう考えれば、サルと人間の区別は、どこかで線引きできるようなものではないのだ。

私たち哺乳類の祖先は、小さなネズミのような生物だったと考えられている。

この小さなネズミのような生物が進化を遂げて、やがてサルとなり、そして人間になっていくのだ。

しかし、それもまた「お母さんが赤ちゃんを産む」ことの繰り返しでしかない。

どこかで線を引いて区別できるものでもない。こうして、遺伝子は受け継がれながら、少しずつ少しずつ変化をしてきた。ただ、それだけのことなのだ。

哺乳類の祖先は、哺乳類型爬虫《はちゅうるい》類と呼ばれている。もっと遡れば、両生類だったたし、もっと昔は魚だった。

こうして、たどっていけば、私たちの祖先は小さな単細胞生物にまで、遡ることができきるかもしれない。そして、四〇億年の生命の歴史を受け継がれてきた遺伝子が、今、まさに私たちの体の中にあるのだ。

＊

こうして受け継がれてきた遺伝子が私の体の中にある。

それは命のリレーのバトンのように私たちに受け継がれた。

生物の世界は、生き残り競争である。生存競争に敗れたり、環境に適応することができなかったりすれば、子孫を残すことはできない。

今、私たちにバトンが受け継がれたとすれば、私たちの祖先が、すべて子孫を残すことに成功してきたからである。すべての祖先たちが、その生命を走りきったからである。

「仲間の思いのこもった駅伝のたすき」は私たちの感動を呼ぶが、私たちが受け継いだバトンは、そんな軽いものではない。四〇億年の生命の営みと思いがこもったバトンなのだ。

私はバトンを受け継いだ。

そうだとすれば、私は私の区間を大切に走ろう。そして、私にできることは、与えられた区間を走り抜くことだけなのだ。

## 七〇兆分の一の奇跡

私が生まれてきたのは、壮大な生命の歴史の中で、偶然に偶然が重なった結果である。

何となくは理解できるが、その結果として、私がここにいるのは、あまりに不思議である。

もう壮大すぎて、頭がおかしくなりそうだ。

もっと簡単に考えてみることにしよう。

父と母の出会いという偶然によって、私は生まれた。

しかし、父と母が出会ったからと言って、必ず私が生まれるわけではない。

父と母という同じ組み合わせであっても、それだけでは、私と同じ存在にはならないのだ。

その証拠が、兄弟姉妹の存在である。

兄弟姉妹は似ている部分もあるが、似ていない部分も多い。同じ両親から生まれても、まったく別の存在である。

たくさんの精子のうちのたった一つと、たくさんの卵子のうちのたった一つが出会って、私が生まれた。

この組み合わせによって、生まれた私は唯一無二のものなのである。

＊

「私」という組み合わせは、どのようにして作られたのだろう。

もっとも単純な仕組みで考えてみることにしよう。


遺伝子は束ねられて染色体という遺伝子の束が作られている。

人間には四六本の染色体がある。染色体は二本で一組の対になっているので、人間には二三対の染色体があることになる。

子どもは親から、二本ある染色体のうちのどちらかをランダムに引き継ぐことになる。そして、父親から一本、母親から一本の染色体を引き継いで、二三対の染色体が作られていくのである。

それでは、このたった二三対の染色体の組み合わせの違いだけで、どれだけの多様性を作り出せるか、計算してみることにしよう。

父親から受け継ぐ染色体の組み合わせは何通りになるだろう。

一番目の染色体で、二つの染色体のどちらを選ぶかの選択肢は二通りである。

二番目の染色体で、どちらを選ぶかも二通りである。

つまり、一番目の染色体と二番目の染色体の組み合わせは二×二の四通りとなる。

同じように三番目の染色体の選び方も二通りだから、組み合わせは二×二×二の八通りとなる。

二三本の染色体では、この二×二×二×……が二三回繰り返されて、計算するとだいたい八三八万通りになる。

もちろん、これだけではない。

母親が持つ二本で一対の染色体から、どちらを選んだかというだけの組み合わせはどうだろう。父親と同じように八三八万通りになる。

そこで、八三八万×八三八万を計算すると、驚くことに、七〇兆を超える組み合わせが作られるのである。

現在、世界の人口はおよそ八〇億人だが、両親が持つ、たった二三対の染色体の組み合わせを考えるだけでも、この八七五〇倍もの多様性を生み出すことができるのである。あなたはその七〇兆の組み合わせのうちのたった一つに過ぎないのだ。何と貴重な存在なのだろう。

もちろん、これは染色体だけで考えたもっとも単純な組み合わせである。染色体は遺伝子の束である。二つの染色体の一つを選び出す過程で、じつは染色体と染色体の間で、染色体にある一部の遺伝子が交換されてしまうこともある。こうなれば、もはや組み合わせは無限大である。

## あなたは過酷なサバイバルレースを生き抜いた

無限にある組み合わせの中の、たった一つの存在として私は作られた。それは、単純な計算で表わすことのできるような簡単なものではない。私たちが生まれたのには、もっとすさまじい偶然のドラマがある。

宝くじの一等が当たる確率は二〇〇〇万分の一と言われている。

しかし、そのレースの勝者は、二～三億分の一の確率である。日本の人口が一億二〇〇〇万人ほどだから、これは宝くじどころか、日本でただ一人選ばれるよりも、さらに幸運なことだ。

しかも、選ばれるのはただ一人。

銀メダルも銅メダルもない。たった一人の勝者以外は、すべてが敗者という厳しいレースだ。

このレースの主役は、精子である。

人間の場合、一回の射精で放出《ほうしゅつ》される精子は、二〜三億個と言われている。これに対して、ゴールで待ち受ける卵子はたった一個である。この卵子にたどりつかなければ、生をうけることはできないのだ。

精子の行く先には、さまざまな困難が待ち受ける。

母親の体は病原菌や異物の侵入を防ぐために、さまざまな仕組みで身を守っている。精子はこれらの防御システムをかいくぐって奥へと進まなければならないのだ。

求められるのは泳力だけではない。

行く手が二つに分かれているのだ。しかし、卵子が存在するのは、二つの分かれ道のうちの、どちらか一方のみである。必要なのは、まさに運の強さである。

こうして、無事に泳ぎ切った最後の一つだけが、卵子と結ばれることを許されるのだ。

二〜三億の精子が参加したレースである。さまざまな障害が襲いかかるサバイバルレースである。

親ガチャなどという、甘いものではない。

まさに、生命を賭けたガチャだ。


エントリー数は二〜三億。東京マラソンの一万倍の数だ。

もし、このレースが、マラソンレースだったとしたら、こんな厳しいレースに、勝ち抜く自信があるだろうか。

しかし、間違いなく、あなたはこのレースに勝ち抜いた強運と実力を兼ね備えた勝者である。

そして、あなたはこの世に生をうけた。

これ以上に、何か望むものがあるだろうか。

## この世はあまりに厳しすぎるけれど

精子というと男性をイメージするかもしれないが、女性であったとしても、遺伝子の半分は精子からもたらされる。あなたが女性であったとしても、このレースに勝ち抜いて生まれてきたのだ。

もしも、別の精子が一番先にたどりついていたとすれば、あなたはこの世に存在しない。別の誰かが、この世に生をうけていたことだろう。

勝者がいれば敗者がいる。

あなたという一人の勝者の陰には、二億を超える敗者がいる。

精子と卵子が受精をして、初めて生命が宿る。精子はまだ生まれてもいない存在だから、生きているとは言えない。

確かに生まれてもいない存在である。

しかし、彼らは懸命に泳ぎ抜いた。そして、敗れ去っていったのである。

それでも動けなくなり、消滅していく彼らは「死んだ」という称号さえ与えられない。

彼らは生まれることさえ許されなかった存在なのだ。

このレースを制して、あなたは生まれた。

そして、この世の中を生き、そして死ぬことができるのだ。

スポーツの試合などでは、敗れ去った者が、「自分の分まで頑張ってくれ」と勝者に思いを託す。そんなたくさんの敗者たちの思いを託されて、一人の人間が生まれてきた。

今生きている私は、そんな幸せなただ一人の勝者なのだ。


こうして、私は生まれてきた。

私は間違いなく「勝ち組」である。そう言っても、誰も文句を言うことはできないだろう。

もちろん、あなたも「勝ち組」である。

この世に生まれてきただけで、私たちは十分に勝者なのだ。

*

もちろん、勝者だからと言って、この世界には、良いことばかりが待っているわけではない。選び抜かれた勝者に対して、この世の中はあまりに厳しすぎる。

何しろ、レースを制した私は唯一無二の存在だが、この世に生きる人たちは、すべて勝者の集まりだ。

難関の大学に入学したと思ったら、まわりはみんな合格者だし、厳しい予選を突破してオリンピックに出場すれば、まわりはすべて代表選手である。

勝者たちだけで作られた世界で、生まれてきただけで褒めてくれる人はいない。

この世界には、この世界の競争があり、この世界の争いがある。

勝者であるはずの私たちが、惨めな負けを味わうこともある。

しかし、と私は思う。

高校野球では、もう勝ち目のない試合になったとき、球児たちは言う。

「代表としての誇りを持って、最後まで恥ずかしくない戦いをしよう」

私たちは、生まれたかった二億の代表として、この世にやってきた。ぶざまでもいい、かっこ悪くてもいい、誇りを懸けて、最後まで生き抜くのだ。

## 「死ぬほど苦しい」と思ったときは

勝者として生まれてきた私たちには、幸福が約束されているわけでもない。

生まれてきたからこそ味わう苦しみもある。

生まれてきた者だけが知る悲しみもある。

悩み苦しむくらいなら、いっそ生まれてこなければ良かった、そう思うこともあるかもしれない。


しかし、考えてみてほしい。


生まれてこなかった者たちは、そんな感情さえ持つことが許されない。そんな悲しみさえ持つことができない。

敗者たちは、この世を感じることが、許されていないのだ。

「死ぬほど苦しい」とか、「死んでしまいたい」というのは、生を持った者にだけ許される言葉だ。

あなたに敗れ去った多くの敗者たちは、もしかすると、生きる苦しみを味わいたかったかもしれない。生まれてきた悲しみを知りたかったかもしれない。

しかし、そんなことさえ敗者には許されないのだ。

苦しみも悲しみも、勝者にだけ許された感情だ。

そして私たちは、暗い世界から、命ある者として、光のある世界に生まれてきた。

生きている私たちは、苦しみや悲しみの向こうに希望を見ることができる。

もし、今日は世界が光のない真っ暗闇にしか見えなかったとしても、明日は空が青く見えるかもしれない。太陽がまぶしく感じられるかもしれない。美しい夕焼けに出会うかもしれない。野に咲く花に心動かされるかもしれない。

そうだとすれば、あなたはやはり生まれてきた勝者なのだ。

＊

私たちが生まれたのは、ほんの偶然だ。

何という偶然で私は生まれてきたのだろう。もはや、奇跡と言うしかないだろう。

そんな偶然で生まれてきた私に価値がないはずはない。

私はかけがえのない存在なのだ。

かけがえのない私には、きっと生まれてきた使命があるのだろう。

私の使命とは何だろう。


偉人になるような使命があるのだろうか。

それとも、世界を救うヒーローのような使命があるのだろうか。


いや、そうではないだろう。

私は奇跡のような偶然で生まれてきた。

そして、こんな思いをして、生まれてきたのだ。

もう、それで十分ではないだろうか。

この世に生まれてきた、それだけでもう私は十分に使命を果たしているのではないだろうか。

この世を生きて死ぬ、それだけで十分に使命を果たしているのではないだろうか。

私は奇跡のような偶然で生まれてきた。私は勝者である。
勝者である私たちには、ごほうびがあっていい。
勝者である私たちは誰もが幸せになる資格があるはずなのだ。
それでは生まれてきた幸せとは何だろう。
見上げれば、青い空が広がっている。太陽が降り注いでくる。風が気持ちいい。
真っ赤な夕焼け空が美しい。夜になれば星が瞬《またた》いている。

どれもこれも、生まれてきた者たちだけが目にすることを許される風景ばかりだ。
本当は、もうそれだけで幸せなはずなのだ。

# 第7章　欠点には意味がある

## 「悪いこと」をしたくなるのはどうして？

「悪いことをするのも遺伝子のせいなのか？」

「悪いことをしてしまうのも個性なのか？」

そんな質問をしてくる人がいる。

「その人たちは、チャンスがあれば悪いことをしたい人たちなのか？」と勘ぐるのは考えすぎだろうか。

確かに、悪いことをしたくなるのは、そういう遺伝子のせいかもしれない。

あるいは、「悪いことをしたくなる」という個性だと言えるのかもしれない。


しかし……と私は思う。

私たちは人間である。

ジャングルで一人ぼっちで暮らしている動物であれば、思うがままに生きても良いかもしれない。

しかし、私たちは社会という群れで生きる人間である。

私たち人間はより快適に暮らすために、さまざまな仕組みを作ってきた。

それが、道徳だったり、法律だったり、宗教だったりというさまざまなルールである。ルールがあった方が、みんなが快適に暮らすことができる。これが、人類が長い歴史の中で作り出してきたしくみだ。

確かに高度に複雑化した現代社会では、制約が多すぎて、「あるがままの自分」が押しつぶされそうになってしまうこともある。

しかし、だからと言って、悪いことをして良いということにはならない。

確かに、「悪いことをしたくなる」という性質は、祖先から受け継いできた遺伝子かもしれない。

それでも、個性ある存在である前に、私たちは「人間」である。何でも遺伝子のせいにして悪いことをして良いわけではないはずだ。

私たちは人間である。だから、悪いことはしていけないというルールを作って、「悪いことをしてはいけない」という価値観を共有してきたはずなのだ。

＊

それでも、ルールを破って悪いことをしたくなるという遺伝子もある。

怠けたいと思う遺伝子もある。

いじわるしたいと思う遺伝子もある。

ずるをしたいと思う遺伝子もある。


すべて、遺伝子のせいなのだ。

しかし……と私は思う。

人間は遺伝子に支配されている。だから、人間は本質的には変わらない。持って生まれたものは、変わらない。

しかし、私たち人間は行動を変えることができる。失敗という経験から学ぶこともできる。

それは、私たちが、「知能」を進化させてきたからなのだ。

もちろん、知能を持つのは人間だけではない。

たとえば、犬のような哺乳類も知能を持つ。

犬には何の道徳観もないが、「ダメ!」と教え込んでいけば、何がダメかを覚えて、ダメなことはしなくなる。それは、犬が知能を持つからだ。

良いことと悪いことを理解できない犬でさえ、良いことと悪いことを覚えることができる。どんな遺伝子を持っていたとしても、それが、悪いことをして良い理由にはならないのだ。

そもそも、人間や犬が持つ知能とは何だろう。

## 「本能」と「知能」という戦略

生物を植物、動物、微生物の三つに大きく分けたとき、「動物」に分類される生物の進化の戦略には大きく二つの方向がある。

一つは「本能」である。

この本能を、もっとも高度に発達させたのが昆虫である。

何しろ昆虫は、親から何も教わらなくても、生きていくことができる。

たとえば、卵から生まれたばかりのいも虫は、教わらなくても自分の餌となる葉っぱの種類がわかるし、卵から生まれたばかりのカマキリの赤ちゃんも、誰に教わっていなくても、鎌を振り上げて小さな虫を捕らえる。

生きる術が、すべて遺伝子の中にプログラムされている。そのため誰に教わらなくても、生きていくために必要な行動をとることができるのだ。

しかし、「本能」には欠点がある。

それは、状況の変化に対応できないということである。

たとえば、トンボが今にも干上がりそうな道路にできた水たまりに卵を産んでいることがある。こんなところに卵を産めば、幼虫は育つことなく干上がってしまうかもしれない。しかし、トンボは平気で卵を産んでいる。本能のプログラムに従って行動しているだけで、晴れの日が続いたら水たまりが干上がることに思いが至らないのである。

水たまりどころか、人間が敷いたブルーシートの上に卵を産んでいることさえある。太陽の光をキラキラと反射させるところが水面だ、とプログラムされているとすれば、迷うことなくそこに卵を産むのである。

私たち人間は、そんな過ちはしない。

小さな水たまりは「干上がってしまうかもしれない」と予測するし、あらゆる状況から判断して、ブルーシートと水面を間違えることはないだろう。

それは私たちが知能を持っているからである。

＊

動物の戦略の二つ目は「知能」である。

人間を含む哺乳類は、この知能を発達させた生物と言っていいだろう。

私たちは考える能力を持っている。そして、さまざまな条件から総合的に判断する能力を持っているのである。

しかし、「知能」にも欠点はある。

「考えて判断する」ためには、それを判断するためのデータが必要だということになる。

たとえば、「水たまりが干上がってしまうかもしれない」と判断するためには、晴れの日には水が蒸発するという情報を知らなければならない。あるいは、晴れの日が続いて、水がなくなってしまうようすを何度も目撃したり、経験したりしなければわからない。

水面とブルーシートを見分けるためには、ブルーシートの存在を知らなければならない。あるいは、さまざまな水面の風景を見たり、ブルーシートを見たりするという経験が必要かもしれない。場合によっては、ブルーシートと間違えて池に落ちたという経験で、覚えることもあるだろう。

このように情報を整理して判断するためには、たくさんの情報をインプットしておかなければならないのだ。

そのため、昆虫の赤ちゃんが誰にも教わることなく、生きていくことができるのに対して、私たち哺乳類の赤ちゃんは、生まれたばかりでは何もできない。

そのため、肉食動物の子どもは、親から獲物の獲り方を教わらなければ、狩りをすることさえできない。また、草食動物は生まれたばかりで立つことはできるが、何が危険かは何も知らない。親といっしょに逃げているうちに、どれが仲間で、どれが天敵なのかを覚えていくのである。

こうして、哺乳類は、親や仲間から色々なことを教わりながら、知能を発達させていく。

チンパンジーは、棒を使ってアリを捕ったり、石を使って木の実を割ったりする。こうした技術を目にしたチンパンジーは、マネをして技術を習得していく。それも、知能のなせる業だ。

ゴリラは、一頭のオスをリーダーとして、群れを作る。群れの中にはルールがある。ルールを守り、群れがまとまらなければ、生き残ることができないからだ。そのため、ゴリラの子どもはある程度、成長すると父親のもとで育つ。こうして、父親から、ルールを学んでいくのである。

## 失敗経験は実はすごい

私たちの脳にとって必要なことは、親や仲間から教わることばかりではない。「体で覚える」という言葉のとおり、自分の体で身をもって覚えていくこともある。

たとえば、「高いところから飛び降りたら、転んで痛かった」という経験から、高いところは危ないと学んでいく。「高いところは危ない」と親から教わっても、実際に自分で経験してみないと身につかない。

もっとも、「高すぎるところから飛び降りて、命を落としてしまった」では、話にならない。少し高いところから飛び降りる。それができたら、もう少し高いところから飛び降りてみる。こうしてリスクの少ないチャレンジをすることで、経験を積んでいくことが必要なのだ。

このリスクの少ない経験が「遊び」である。

哺乳類の子どもたちは、総じて遊びたがる。兄弟でじゃれあったり、意味もなく走り回ったりする。それらはすべてリスクの少ない経験となって蓄積されていくのだ。

もちろん、人間の子どもたちも遊ぶことが好きである。

それも脳に経験という情報をインプットしていく作業なのである。

もっとも、最近ではスマホでゲームをするような遊びをする子どもも多いようだ。ゲームをすることも経験といえば経験なのだろう。

しかし、どんなに科学や文明が進んでも人間も動物であることに違いはない。他の生物とは違うと言ってみても、人類は数百万年の間、自然界の情報の中で脳を発達させてきた。

一方、この世にテレビゲームが作られたのは、わずか数十年前のことである。そして、どんなに複雑であったとしても、ゲームの世界は所詮、人間が作り出した予定調和の世界でしかない。

これは、根拠のない私の推論だが、人間の子どもたちの脳を発達させるのは、人間には予測不能な自然界の情報ではないかと思う。やはり、子どもたちは自然の中で遊ぶ体験が必要なのではないだろうか。

*

遊びだけではない。

子どもたちは、よく失敗をする。

子どもたちだけではない。ときには、私たち大人もまた失敗をする。

しかし、失敗もまた経験である。失敗から学ぶことが多い。

人生で大きく成長できたというターニングポイントを振り返ってみれば、その多くは失敗をしたときではないだろうか。

私たちは失敗から学ぶことができる。

それもこれも、私たち哺乳類が、経験を知識に変える知能を持っているからなのである。

## 「群れ」が生き残るために必要なこと

本能を発達させてきた昆虫と知能を発達させてきた哺乳類。

「本能」と「知能」のどちらが優れているかということではない。

それは、単なる戦略の方向性の違いである。

生命の歴史の中で進化を遂げてきたということは、「本能」も「知能」も、優れた戦略だったということなのだ。

本能を持つトンボは学習することがない。いも虫もカマキリも学習する必要はない。

しかし、私たちは学ばなければならない。学ばなければ何もできない。

そのかわり、本能で行動する昆虫は、行動を変えることができない。

一方、知能を持つ私たちは経験を積むことで、行動を変えることができる。

「生き方」をアップデイトすることができるのだ。

そして、私たちの知能は、遺伝子に書かれていないさまざまなものを作り出し、わたしたちの暮らしや社会を、より生きやすいものにしてきた。

おそらくは、「言葉」や「計算」も、私たちが生き残るために作り出したものだ。他の動物にとっては必要なくても、人間として生きていく以上、それを知らなければ生きていくことができない。

だから私たちは、勉強をして、言葉を覚え、計算を覚えていく必要があるのだ。

*

もしかすると、獲物の獲り方なんて、覚えられないというライオンの子どもがいたかもしれない。しかし、そのライオンは生き残って、子孫を残すことはきっとできなかっただろう。

もしかすると、ライオンとシマウマの区別がつかず、興味本位でライオンに近づきたい、と思ったシマウマの子どもがいたかもしれない。しかし、そのシマウマが子どもを産み、ライオンに近づきたいシマウマが増えることはなかっただろう。

もしかしたら、ルールを守らないゴリラたちがいたかもしれない。しかし、そのゴリラたちは生き残ることができただろうか。

そして、私たち人類は、進化を遂げ、さまざまなルールを作った。

本当は自然界に「悪いことをしてはいけない」というルールはない。そもそも、何が「良いこと」で、何が「悪いこと」かは、人間が決めたことだ。

自然界には何の法律も道徳もない。本当は何をしても自由なのだ。

しかし、人間はルールを作った。「良いこと」と「悪いこと」を決めて、悪いことをしてはいけない、という道徳を作った。

もしかすると現代にも「悪いことをしたい」という遺伝子が、受け継がれているかもしれない。

もしかすると本当は、この世は善人よりも悪い人たちの方が成功し、悪い人たちがはびこっているのが現実かもしれない。

しかし、「それは悪いことだ」とみんなが考えている。「してはいけないことだ」とみんなが信じている。

それは、「どんなに悪いことをしたくても、悪いことをしてはいけない」とみんなが信じることが、人間の群れが生き残るために必要だったからだ。

*

「悪いことは悪いことだ」「どんなに悪いことをしたくても、悪いことをしてはいけない」

それが、人類が生き残るために作り出したルールである。

だから、私たちは、「悪いことをしてはいけない」ことを学んでいく。

それにしても、不思議である。

「力が正義である」とか、「勝った者が正義である」とか、そんな考え方も私たち人間社会にはある。有史以来、人は争いを続けてきたし、現代でも犯罪や戦争は繰り返されている。

それでも、人々は何となく、「悪いことは悪いことだ」「悪いことをしてはいけない」という道徳観を持っている。

どうして悪いことをしてはいけないのだろう。

### ホモ・サピエンスは弱いから生き残った

私たち人類は、学名を「ホモ・サピエンス」と言う。

現在、人類と呼ばれている生物は「ホモ・サピエンス」一種類しかいない。

しかし最近の研究によると、大昔には、人類と呼ばれる生物はいくつもいたらしい。

有名なものに、ネアンデルタール人がいる。ネアンデルタール人は、学名を「ホモ・ネアンデルターレンシス」と言う。

しかし、ネアンデルタール人は、今では滅んでしまった。

それでは、ネアンデルタール人たちは、私たちホモ・サピエンスよりも劣っていたかと言うと、そうではない。

ネアンデルタール人は、ホモ・サピエンスよりも大きくて、がっしりとした体を持っていたと考えられている。それどころか、ホモ・サピエンスよりも優れた知能を発達させていたと考えられているのである。

ホモ・サピエンスは、ネアンデルタール人と比べると体も小さく力も弱い存在だった。そして、脳の容量もネアンデルタール人よりも小さく、知能でも劣っていたのである。それなのに、ネアンデルタール人は滅んでしまった。そして、現代まで、生き残っているのは、ホモ・サピエンスの方である。

これはどうしてなのだろうか？

＊

ホモ・サピエンスは弱い存在だった。

とても、一人ではこの自然界を生き抜くことができない。

そこで、ホモ・サピエンスはどうしただろうか。

力が弱かったホモ・サピエンスは、「助け合う」という能力を発達させた。そして、足りない能力を互いに補い合いながら、自然界を生き抜いていたのである。

もしかすると、「助け合わない」という戦略の、ホモ・サピエンスたちもいたかもしれない。しかし、そうしたホモ・サピエンスたちは、おそらくは生き残ることができなかった。そして、助け合うというホモ・サピエンスが現在まで生存してきたのだ。

一方、ネアンデルタール人はどうだろう。

ネアンデルタール人は、力があり、知能も優れていた。助け合わなくても、自分一人の力で生きていくことができたのである。

しかし、長い歴史の流れの中では、環境の変化もあっただろうし、災害もあったことだろう。仲間と助け合う術を発達させてこなかったネアンデルタール人は、おそらく、そんな大きな困難を乗り越えることができなかったのではないだろうか。ネアンデルタール人が滅んだ理由は、そう推察されている。

しかし、弱い存在だったホモ・サピエンスは助け合った。そして、知恵を出し合い、力を合わせることで、大きな環境の変化を乗り越えたのである。

## 助け合うと幸せな気持ちになるのはどうして？

首が長くなる遺伝子が生き残り、キリンの首が長くなったように、おそらくは「助け合いたい」という遺伝子が生き残り、「助け合いたい」人類が生き残った。

現代を生きる私たちも、人の役に立つと、何故か心が満たされたような気持ちになる。

知らない人に道を教えたり、電車やバスの席を譲ったりして、「ありがとう」とお礼を言われると、なんだかくすぐったいようなうれしい気持ちになる。

また、力を合わせて何かを成し遂げると、何とも言えない多幸感に満たされることもある。困っている人を見ると、放っておけない気持ちになることもある。

生命は本来、利己的である。遺伝子もまた利己的である。

自分さえ良ければそれで良い、自分さえ生き残ればそれで良い、それが生物の本質である。しかし、人間は助け合う。助け合うことが結局、自分のためであり、助け合うことで遺伝子もまた、生き残ってきた。

「人と人はつながりあって、助け合いたい」

おそらくは、それが、ホモ・サピエンスが大切にしてきた「遺伝子」なのである。

生きる苦しみも生きる悲しみも分かち合ってきた

＊

もちろん、だからと言って、「だから人は助け合わなければならないのだ」とか、「誰とでも仲良くしなければいけないのだ」と説教をするつもりは、まったくない。

何しろ、告白すれば、私は協調性のある方ではない。みんなで何かをやるのは苦手で、一人で何かをしている方が良い。

もしかすると、協調性のない私は、ホモ・サピエンスの中では、はずれ者かもしれない。それでも私は人の役に立ったときには、何となく気持ちが良いし、力を合わせたときには、何となく幸せを感じる。

もっとも、そんなことを感じなくても、人はすでに助け合っている。

私たち人類が作り上げてきたこの社会は、嫌な部分もいっぱいあるけれど、結局、この世の中は、たくさんの人たちが力を合わせて成り立っている。

たとえば、コンビニで弁当を買うこと一つを取っても、お米や野菜を作っている農家の人がいて、魚を獲ってくれる漁師がいて、その弁当を企画してくれている会社の人がいて、それを調理してくれる人がいて、その弁当をコンビニに運んでくれる人がいて、棚に並べてくれている店員がいて、大勢の人がいて、私たちはコンビニ弁当を食べて暮らしていくことができる。

人間は頭がいいのだから、別に誰の助けを得なくても、自分一人で食糧を調達して、自分一人で生きていけるような世の中を発達させたって良かったはずである。

しかし、大昔から人間は、集団で暮らし、力を合わせて食べ物を集めて、獲物を獲り、農耕が始まれば力を合わせて、水を引き、大地を耕して、作物を育てた。

こうして、「みんなで生きる」生存戦略を発達させてきたのである。

## 生きづらさの問題は、たいていは社会にある

『アストリッドとラファエル 文書係の事件録』というフランスの海外ドラマがある。ラファエルは熱血漢のパリ警視庁の女性警視である。パワフルな捜査が魅力だが、おおらかで粗雑な面も持ち合わせている。これに対してアストリッドは、自閉スペクトラム症で、パリ犯罪資料局の文書係として、文書資料室にこもっている女性である。しかし、鋭い観察力と洞察力で、他の人たちが気づかない細かいところを見逃さない。そして、アストリッドとラファエルが名コンビとなって、事件の謎を解き明かしていくのである。

対人関係や社会生活がうまくいかない自閉スペクトラム症は「障害者」のレッテルを貼られることが多い。しかし、このドラマでは、自閉スペクトラム症は一般の人間が持たない優れた能力を持つことを、明確に教えてくれる。自閉スペクトラム症のアストリッドは、ラファエルなしにはできないことが多い。しかし、事件の謎を解き明かす過程では、むし

ろ、アストリッドの繊細さが熱血漢の警視の荒々しさを補っていく。

自閉スペクトラム症の人は対人関係が苦手だが、その代わり、天候を観察したり、まわりの動物の動きを察知する。

私たちの祖先がまだ弱い存在だったときに、自閉スペクトラム症の人がいる集団は、自然災害や外敵の襲来などの危険をいち早く察知して、身内どうしの交流ばかりに気を配っている集団よりも、生き残る可能性が高かったのかもしれない。

あるいは、ＡＤＨＤ（注意欠如・多動症）と呼ばれる人たちもいる。集中力がなく、注意力が散漫で、落ち着きがないという人たちだ。学校でじっとしていることができず、授業中にも歩き回る。しかし、学校生活になじめなかったエジソンやアインシュタインなどの偉人たちは、じつはＡＤＨＤだったのではないかと考えられている。

注意力が散漫だから、あらゆるものに好奇心がある。他の人たちが何かに集中しているときに、群れに迫る危険を察知したり、他の人が気づかなかったりする道具やエサ場を見つけ出すことができたかもしれない。

私たちの祖先がまだ弱い存在だったときに、ＡＤＨＤの人がいる集団は、有利に生き残ることができたのだろう。

私たちの集団の中に、一般的に「障害者」と呼ばれる人たちが、一定の割合で出現することには、きっと意味があるはずなのである。

その優れた人々に「居場所がない」とすれば、それは人類が作り上げてきた「社会」の方に問題があるのだ。

＊

世の中には一般に「障害者」と呼ばれる人たちがいる。

それ以外の人は「健常者」と呼ばれる。しかし、何が「健常」なのだろう。

誰もが得意なことと不得意なことがある。できることとできないことがある。

私など、毎年健康診断でいくつもの項目に引っかかって、健康指導を受けている。そんな私は健常なのだろうか。

誰もが体の中には、正常に機能している部分と、多かれ少なかれ異常が見られる部分がある。すべてが健康という人はむしろ少ないだろう。

そもそも、健康診断では「ふつう」とか「標準」と言われるが、何をもって「ふつう」と言うのだろう。

ふつうの人って誰だろう。誰もが個性を持ち、誰もが人と違う。「ふつうの人」と言うのは、人々が築き上げた幻想に過ぎない。誰もが「ふつう」といえば、「ふつう」だし、「ふつうではない」といえば、誰も「ふつうではない」のだ。

私がさかあがりができず、足が遅いのも、欠陥といえば、欠陥だ。

## 突然変異は進化のチャレンジ

それでも、一定の割合で遺伝的な疾患は現れる。

生物は、常に突然変異を起こそうとしている。もちろん、遺伝子を正しくコピーしなければならない遺伝子にとって、突然変異は事故だから、できる限り、コピーミスを防ごうとしている。それでも、コピーミスが起きて、突然変異が起きる。

しかし、である。

コピーミスの結果、何が起こっているだろう。

このコピーのミスが、単細胞生物から複雑な多細胞生物を生み出し、魚だった私たちの祖先を地上に進出させ、哺乳類を生み出し、人類を生み出した。遺伝子の突然変異こそが、原動力なのだ。

もっとも、突然変異は目的を持って現れることはない。ランダムに現れる。

長い地球の歴史を考えれば、何が正しくて、何が良いかは、わからない。そのため、突然変異は、できるだけ広範囲に、できるだけ変化に富んだ変異を起こそうとするのだ。

短期的に良いと思われる方向にやみくもに進化をすることは、地球環境の長い歴史の中では、何の意味もないし、むしろマイナスに働くのだ。

たとえば、ゴキブリの中には殺虫剤が効かない抵抗性ゴキブリと呼ばれるものがいる。

これは、殺虫剤が発明されたから、殺虫剤が効かない突然変異を起こしているわけではない。

ゴキブリは、常にさまざまな突然変異を生み出している。

ゴキブリは恐竜よりも古い時代から地球に存在したと言われている。

人類が殺虫剤を発明する以前から、いや、この地球に人類が出現する以前から、ゴキブリはさまざまな突然変異を生み出してきた。そして、殺虫剤などこの世に存在しない昔から、ゴキブリは一定の割合で殺虫剤が効かないという突然変異を生み出してきたのである。

恐竜のいない昔に、将来、殺虫剤を生み出す天敵が出現するなど、誰が予想できただろう。長い、地球の歴史を考えれば、目的を持った変異などあまり意味を持たない。ランダムにさまざまな変異を生み出すことの方が大切なのだ。

こうして、ゴキブリは殺虫剤が効かないという突然変異を生み出し続けてきた。もちろん、殺虫剤のない昔に、「殺虫剤が効かない」という突然変異は何の意味もない。言ってみれば、そんな能力は遺伝子異常が生み出した障害でしかないのだ。

それでも、ゴキブリはさまざまな変異を生み出し続ける。こうして、恐竜のいない昔から、現代まで生き延びてきたのだ。

*

このように突然変異は、ランダムに、そしてさまざまな形で現れる。

そのため、短期的な「今」という時代で見れば、それは良い形で現れるとは限らない。むしろ、突然変異の多くは役に立たない。意味がないどころか、障害になることも多い。

それは事実である。

しかし、「何が起こるかわからない」という長い地球の歴史の中で、ランダムなコピーミスを起こす生物たちが時代の変化を乗り越えて生き残ってきた。

そして、私たち人類もそのコピーミスをする生物である。だから、一定の割合で、さまざまな突然変異が起こる。その変異の多くは一見すると役に立たないし、障害に見えることも多い。それでも人類は一定の割合で突然変異を生み出し続ける。私たちは、こうして、環境の変化を乗り越え、進化をしてきたからだ。

だからこそ遺伝子は一定の割合で変異を起こす。つまり、一定の割合で、進化のチャレンジを繰り返すのだ。

遺伝子疾患と呼ばれる人たちは、見方を変えれば、まさにその進化のチャレンジャーだと言えないだろうか。

## なぜ人は生殖機能を失っても生きるのか?

進化論では、「おばあさん仮説」と呼ばれるものがある。

人類が発展をしたのは、おばあさんのおかげというものだ。

生物は、子孫を残すと、その役目を終える。そのため、子孫を残すと寿命が尽きるものが多い。

あるいは他の哺乳類は子孫を残しても、子育てをするという役目がある。とはいえ、子どもが独り立ちすれば、その役目を終える。

ところが、人間は出産ができなくなったり、子育てを終えたりした後も、「おばあさん」として長生きをすることができる。もちろん、「おじいさん」も同じなのだが、「閉経をして明確に生殖能力を失った後でさえも」というわかりやすい意味で「おばあさん仮説」と呼ばれているのだ。

それでは、どうして人間は子孫を残すという役割を終えた後も、長生きをするのだろうか。

生物の成功は、子孫がどれだけ生存できるかを示す「適応度」で表わされる。そして、生物は、この適応度を高める方向を求めて、進化をしていくのだ。

人間は年を取れば、体が弱る。肉食動物に襲われれば、逃げ遅れて足手まといになるのは、年寄りだろう。あるいは、狩りをしたり、食べ物を集めてきたりするような能力は、若い人には敵わない。きっとあまり役には立たないだろう。

しかし、どうだろう。

人間は知恵を発達させて、繁栄をしてきた。

年長者は、より多くの経験と知識を蓄えている。か弱い人類が厳しい自然界を生き抜くためには、その経験と知識が重要になる。

おそらく集団が困難に陥ったとき、より経験と知識を積んだ年長者のいる集団が生き残ったのだろう。そのため、人々は知恵のある年長者を保護してきたのだ。

首の長いキリンの集団が生き残って、キリンの首が長くなったように、人類は長生きをする集団が、より生き残ることにより、長生きをするという性質が進化を遂げていったのである。

親の世代だけでなく、祖父母の代もいっしょに暮らしていれば、生きるための知恵も効率良く次世代に伝えることができる。効率良く生きるために必要な知恵を伝えることができる。そのため、おばあさんを大切にする集団が有利となって生き残り、そして、おばあさんになることができる「長生き」という性質もまた発展を遂げていった。

おばあさんやおじいさんの存在によって、次の世代に伝えられる情報量は多くなる。こうして、おばあさんの登場によって、人類は急速に発達し、文明や文化を発達させていったのではないか。これが「おばあさん仮説」と呼ばれるものである。

## 私たちは皆、弱い生き物

さまざまな遺跡の調査では、歯が悪くて食べ物を食べられない人や、ケガをして腕や足を失った人が介護を受けながら生きていたことが明らかになっている。

これらの人々は、ただ「かわいそうだから」という理由だけで、介護を受けていたのだろうか。

そうではないだろう。

おそらく、年齢を経た人や、ケガをするような経験をした人は、知恵を集めるという点では、役割があったのではないだろうか。

自然界は弱肉強食である。弱い者は生きていくことができない。

しかし、人類はそもそも弱い生き物である。

厳しい自然界の中にたった一人放り出されれば、とても生きていくことはできない。

そこで、人類は集団となって群れを作り、村を作り、厳しい自然の中で生き残ってきた。

そして、そこには、多くの人たちの「経験と知恵」が重要だった。

もっとも、弱い者を保護するためには、それだけの力がなければならない。

おそらくは、弱い者を切り捨てるよりも、弱い者を大切にする集団が生き残った。そして、多様な知恵を集めた集団が、力をつけていったのである。

私たち人類は自然界では弱い存在だった。一人では生き抜くことができなかった。だから、多様な個性が肩を寄せ合って、自然界を生き抜いてきたのだ。

「そんなことは大昔の話だ、現代は文明社会である。狩猟採取をしていた時代とは違うのだ」

もしかしたら、そう考える人がいるかもしれない。

はたして、どうだろう。

現代社会であれば、人は一人でも生きていけるように見える。私たちが作り出した「社会」というシステムの中に適応できない人々は、社会の中に居場所を見つけることができない。

しかし……と私は思う。

私たちが近代的な文明を持ったのは、わずか数百年の時間に過ぎない。

人類の歴史が数百万年だとすれば、そのたった一万分の一の時間しか文明は維持されていないのだ。

人間は自然を克服してしまったかのように錯覚しているが、自然災害が起これば、自然を前にして人間はあまりにも無力である。

もしかすると、人間は一人でも生きていけると思っているかもしれないが、社会システムを動かしている大勢の人たちとつながって生きている。

ホモ・サピエンスは弱い存在で、肩を寄せ合わなければ生きていけないことは、何一つ変わっていないのだ。

**きっと、足が遅いことにも意味がある**

か弱い人類は、力を集めて生き残ってきた。

そうであるとすれば、すべての人に役割がある。

誰もが能力を発揮し、その役割を果たす場所が必要なのだ。

私は足が遅い。

しかし、足が遅いことにもきっと理由があるはずだ。

人間の世界には足の遅い人がいる。

しかし、足の遅いチーターはいない。

それは足の遅いチーターは生き残れないからである。

チーターは足が速いが、その代わり、空気抵抗を少なくするために、顔が小さく進化している。そのため、キバも短く、肉を噛む力も小さい。そのため、小さな獲物しか捕らえることができない。しかもせっかく捕らえた獲物も他の肉食獣に横取りされてしまったりする。

もしかすると、足の速い人間は、何か別の能力を失ってしまうのかもしれない。

あるいは、欲張って考えると、足が遅い方が有利なことがあるのかもしれない。たとえば、みんなの後方を走っているからこそ、気がつくこともあるだろう。後ろから見た方が全体を捉えることができるかもしれない。

だからこそ、人間は足の速い遺伝子だけでなく、足の遅い遺伝子も残ってきた。

私たち人間の世界には、足の速い人もいれば、足の遅い人もいる。

それは足の速い人も遅い人も、人間が集団で生きていく上では必要だったからだ。

そしておそらくは、足の速い人と足の遅い人が助け合って生きてきたのだ。

もし、チーターが「足りない部分を補い合いながら力を合わせて生き抜く」という進化をしたとすれば、「足が遅いが顔が大きい」という遺伝子も残ったはずである。


きっと、そうだ。

私たちホモ・サピエンスは一人で生きているわけではない。

私たちは力を合わせて生きている。

だからこそ、さまざまな個性が必要なのだ。


いや、きっと、そうだ！

そうに違いない！

そして、「足の遅い遺伝子」は、世代を超えて受け継がれ、今、足の遅い私が、ここにいるのだ。

# エピローグ

夢を見た。

ウソのような夢だが、本当に見た夢だ。作り話ではないので、どうか信じてほしい。

夢の中で私の携帯が鳴った。どうやら悩みの相談のようだ。

電話の向こうの相手は言った。

「みんなのように走れないんです」

私は簡単に答えた。「練習すればいいんじゃないの！」

「練習しても走れないんです」

「もっと練習したらどうなの？」

「いっぱい練習してもダメなんです」

私は厳しく言い放った。「それはあなたの努力が足りないいんじゃないの！」

「頑張っても頑張ってもダメなんです」

相手はついに泣き出してしまった。

（しまった、これじゃぁパワハラだ……）

私はさとすように言った。

「いやいや、みんなのように走る必要はないんだよ。自分のペースでゆっくり走ればいいんだ」

「自分のペースでって言われても、頑張っても頑張っても走ることができないんです」

「わかった、じゃあ、フォームを見てあげるよ。一回ビデオ通話にするけどいい？」

私は、ビデオをオンにしてみて驚いた。

電話の相手はイルカだった。

イルカが地面の上でピチピチと跳ねていたのである。

＊

目が覚めて考えた。

イルカはどんなに頑張っても走ることはできない。

どんなに努力しても、イルカはイルカなのだ。

それで良いではないか。

走ることができない代わりに、イルカはどんな動物よりも速く泳ぐことができる。

イルカがやるべきことは、走る練習ではない。

水を探すことなのだ。


しかし……と私は思う。

私はこのイルカを笑うことができるだろうか?

イルカは速く走るために必要な遺伝子を持ち合わせていない。

もしかしたら、私たちも頑張ってもできないことを、頑張ろうとはしていないだろうか?

どんなに努力しても、私は私なのだ。しかし、それで良いではないか。

私には私の遺伝子がある。

＊

遺伝子は私たちが生きるための武器だ。
しかし残念なことに、その武器がどんなものなのかは、自分でもわからない。
だから、自分の持つ武器が何であるかを探し求める。
もちろん、自分の持つ武器の正体は簡単にはわからない。
だからこそ人は、挑戦を繰り返し、失敗を繰り返し、武器を探し続けるのだ。
そして、見つけた武器を生かして、自分の遺伝子の得意なことで勝負する。
さらに、自分の遺伝子の能力を発揮するために努力をして、磨きを掛ける。

遺伝子は、私たちの持つ武器である。
武器を持って生まれてきたのだから、自分の遺伝子のパフォーマンスを最大限発揮することが大切なのだ。

＊

答えは明確である。

「得意なところで勝負する」ことは、人生の鉄則だ。


しかし、と思うことがある。

得意なことは、好きなことであることが多い。

あるいは、「努力しなくても他人より優れている」ことは、知らず知らず好きになることが多い。

ただし、「好きなこと」なのに、「得意ではない」ということも、確実に存在する。

そんなときは、どうすれば良いだろうか。

人生で成功したい、と考えるのであれば、残念ながら、得意でないことで勝負するのは、あまり得策とは言えない。

しかし、そもそも「人生の成功」とは何なのだろうか？

偉くなったり、金持ちになったりすることばかりが人生の成功ではない。

そもそも「人生の成功」という陳腐な発想は、「比べることの大好きな」人間の脳が、勝手な尺度で勝手に作り上げた幻想だ。

私たちが一般的にイメージする成功が、必ずしも幸せにつながるとは限らない。

それよりも、幸せに生きることが、成功なのではないか。

そう考えるのであれば、「好きで苦手なこと」を見つけた人ほど、幸せな人はいないようにも思える。

「好きである」という素質も、持って生まれた武器なのだ。


あなたが武器として包丁を持っているとすれば、クギを打とうとするより、野菜を切った方が良い。

カナヅチを持っているのであれば、野菜を切るより、クギを打った方が良い。

それでは、本当はクギを打つのが大好きなのに、包丁しか持っていないとしたら、どうだろう。

頑張って、クギを打っても、刃が欠けていくだけだ。

工夫して柄《え》の方を使えば、何とかクギを打つことができる。それでも、頑張ってみても、上手にクギを打つことはできない。

しかし、練習に練習を重ねて、包丁の柄を使って、上手にクギが打てたとしたら、どうだろう。クギを打つのが好きな人にとっては、こんなにうれしいことはないだろう。こんなに気持ちのいいことはないだろう。

そこまで頑張ってみても、カナヅチでクギを打つ人には、とうてい敵わない。しかし、カナヅチでクギを打つ人には、絶対に味わえない幸せがそこにはあることだろう。

「好きで苦手なこと」は人生の成功には役に立たない。

しかし、ときに人生を豊かにするのは、意外と「苦手なこと」だ。

＊

私はさかあがりができなかった。

放課後、一人で残っていつも練習をしていた。

隣では小さな女の子がくるくる回って遊んでいる。

私はバカバカしくなった。

エィッと思い切って、大地を蹴ったら、青い空が見えた。そして、学校のプールが逆さまに見えた。

もう少し……と足をバタバタさせたら、くるっと体が一回転して、地面に足が着いた。

練習に練習を重ねて、さかあがりができたのだ。

だからと言って、私の体育の成績が突然、良くなったわけではない。私がさかあがりができるようになった頃には、体育の授業では、もっと難しい鉄棒の技をやらなければならなくなっていた。

私は相変わらず、他人より鉄棒ができなかったのである。

でも、それで良いではないか。

誰も褒めてくれなくたっていい。

私は世界がひっくり返って「さかさま」に見えたあの日の光景を、生涯、忘れることはないだろう。

## あとがき

ある日のことである。
私のもとに、一通の手紙が届いた。
あろうことか、「遺伝子の本を書いてほしい」と書いてある。
そんなの無理だ。
絶対に無理だ。
何しろ、私は遺伝子の専門家ではない。
遺伝子の研究はとても進んでいて、すごい専門家の方々がたくさんいる。
そんな中で、私のような人間が遺伝子の本など書けるはずがない。
私は、編集者の方にお断りのメールを書いた。書いたはずだった。
しかし、どういうわけか、私は遺伝子の本を書き上げている。

何ということだ!!

それも、これも押しに弱くて断り切れない、私の遺伝子のせいだ……。

もう一度、これだけは、はっきりと言おう。

私は遺伝子の専門家ではない。

遺伝子の専門家にはすごい人たちがたくさんいる。

そんな中で、私が遺伝子の本など書けるはずがない。

ただ、私は早い時期から、自分の遺伝子の限界を感じ、自分の遺伝子に抗《あらが》うことをあきらめた。

もし、私が皆さんに伝えられることがあるとすれば、「遺伝子に逆らうな」ということだろう。そんな本なら書けるかもしれない。

私は押しに弱くて断ることが苦手だ。

そのせいで、損をすることも多い。

こんなろくでもない私の遺伝子は、どこから来たのだろう。

人類のルーツはアフリカ大陸にあると言う。

そうだとすると、私のこの遺伝子もアフリカで生まれたということなのか⁉

本当だろうか？

一度だけ、アフリカに行ったことがある。

赤茶けた大地を車で走っているときに、ガイドの運転手が不意にこう言った。

「向こうの丘の上に岩が二つ見えますか？」

そして、私がその岩を見つけたことを確認すると、こう言ったのだ。

「あの岩のように見えるのが、ゾウです」

ゾウは動物園で間近で見るものだったから、はるか遠くに見えるゾウは何だか不思議だった。

夜は満天の星空だった。天の川が明るくて、あろうことかあるまいことか星の明るさだけで、大地に私の影が映るようだった。

古代のアフリカの人は、星をつないで星座を作るのではなく、星のない影の部分の形を物に見立てたと聞いたことがある。まさに、そんな星空だった。

この大地で、人類は生まれたのだ……。

アフリカで生まれた人類は、グレートジャーニーと呼ばれる大移動によって、世界中に広がった。やがて人類は、ユーラシア大陸のはじっこにある日本列島にたどりついた。そして私が生まれたのだ。

長い長い人類の旅の間、遺伝子は世代を超えて受け継がれてきた。

もちろん、進化論が示すとおり、必要な遺伝子は生き残り、不必要な遺伝子は淘汰されてきた。こうして受け継がれてきた遺伝子が、今、私の中に存在しているのだ。


アフリカの夜は、人をセンチメンタルにさせる。

人類創生の地で、私は自分の遺伝子を愛おしく思った。

＊

人生観を変えるような感動的な体験をした私は、今も変わらず、目覚まし時計に叩き起こされる生活を送っている。

このままゴロゴロしていたいなぁ、仕事をサボりたいなぁ、と思う日も多い。

それでも、渋滞にはまってイライラしてみたり、満員電車にゲンナリしてみたりする毎日を送っている。

ときには無性にラーメンが食べたくなってみたり、急にコーラを飲みたくなったりすることもある。

見たいテレビ番組がないと文句を言ってみたり、風呂に入るのが面倒くさいと思ってみたり、そのうち眠くなってソファでうたた寝してしまったりする。

それも、これも、私の遺伝子の働きによるものだ。

よくもまぁ、こんな遺伝子が受け継がれてきたものだ。


寝る前にメールをチェックすると、編集者から「あとがきを書いてください」と依頼があった。私としては、エピローグを書いて、すっかり終わったつもりでいたので、もう書くことはまるでない。

しかし、今、こうして「あとがき」を書いている。

それも、これも、押しに弱くて断り切れない、私の遺伝子のせいだ。

この遺伝子のせいで損をすることも多いけれど、押しに弱くて断り切れない遺伝子は、世代を超えて、伝えられてきた。

人類誕生の地では、どうだったのだろう。

遠いアフリカの大地で、押しに弱くて断り切れない遺伝子の持ち主は、どのような生活を送っていたのだろう。私のようにやりたくもない仕事をやらされていたのだろうか。それでも、世代を超えて伝えられてきたということは、この遺伝子にも、きっと何らかの役割はあるのだろう。きっと、あるはずなのだ。

好きなところも、嫌いなところもあるけれど、それもこれも、すべて私の遺伝子だ。

さぁ、「あとがき」はこれくらいにして、もう寝ることにしよう。

押しに弱くて断り切れない遺伝子のせいなのだろうか。私は頼まれた仕事をそこそこで切り上げることを得意としている。これは、もしかすると、持って生まれた遺伝子のおかげなのかもしれないし、頼まれ事が多い環境によって後天的に獲得した能力かもしれない。先天的なのか後天的なのかは、突き詰めればわかるのかもしれないが、まぁ、そんなことはどうでもいい。

私は、眠いときは眠いし、無理をしたくない遺伝子なのだ。

本書の出版にご尽力いただいた朝日新聞出版の大坂温子さんにお礼申し上げます。なお、本書のあとがきはフィクションであり、実在の編集者とは一切関係ありません。

稲垣栄洋 いながき・ひでひろ
1968年、静岡県生まれ。農学博士、植物学者。静岡大学大学院教授。岡山大学大学院農学研究科修了後、農林水産省、静岡県農林技術研究所等を経て現職。著書に『弱者の戦略』(新潮選書)、『雑草はなぜそこに生えているのか』『はずれ者が進化をつくる』(ちくまプリマー新書)、『生き物の死にざま』(草思社)、『世界史を大きく動かした植物』(PHP研究所)など多数。

朝日新書
977
遺伝子《いでんし》はなぜ不公平《ふこうへい》なのか?

2024年11月30日第1刷発行
2024年12月30日第2刷発行

著　者　稲垣栄洋

発行者　宇都宮健太朗
カバーデザイン　アンスガー・フォルマー　田嶋佳子
印刷所　TOPPANクロレ株式会社
発行所　朝日新聞出版
〒104-8011　東京都中央区築地5-3-2
電話　03-5541-8832(編集)
　　　03-5540-7793(販売)

Published in Japan by Asahi Shimbun Publications Inc.
ISBN 978-4-02-295288-2
定価はカバーに表示してあります。

落丁・乱丁の場合は弊社業務部(電話03-5540-7800)へご連絡ください。
送料弊社負担にてお取り替えいたします。